生物实验技术

专业入门手册

主编　韩　璐
主审　李榆梅

中国医药科技出版社

内 容 提 要

本书是天津生物工程职业技术学院组织编写的医药高等职业教育创新示范教材之一。作为一本写给生物实验技术专业新生的入门指南，分别对生物实验技术专业相关行业有关职业的岗位职责、就业前景、发展空间及所应具备的条件进行了详尽的描述和实际分析。同时以简洁的文字介绍了生物实验技术专业的知识技能体系框架，概括了生物实验技术专业的基本学习方法和路线，为学生将来的学习及职业道路指明了方向。

图书在版编目（CIP）数据

生物实验技术专业入门手册/韩璐主编 . —北京：中国医药科技出版社，2012.9
医药高等职业教育创新示范教材
ISBN 978 – 7 – 5067 – 5601 – 3

Ⅰ . ①生…　 Ⅱ . ①韩…　 Ⅲ . ①生物学 – 实验技术 – 高等职业教育 – 教材
Ⅳ . ①Q – 33
中国版本图书馆 CIP 数据核字（2012）第 195636 号

美术编辑　 陈君杞
版式设计　 郭小平

出版　中国医药科技出版社
地址　北京市海淀区文慧园北路甲 22 号
邮编　100082
电话　发行：010 – 62227427　邮购：010 – 62236938
网址　www.cmstp.com
规格　710 × 1020mm$^1/_{16}$
印张　7½
字数　95 千字
版次　2012 年 9 月第 1 版
印次　2012 年 9 月第 1 次印刷
印刷　北京印刷一厂
经销　全国各地新华书店
书号　ISBN 978 – 7 – 5067 – 5601 – 3
定价　25.00 元

本社图书如存在印装质量问题请与本社联系调换

丛书编委会

刘晓松（天津生物工程职业技术学院　院长）

麻树文（天津生物工程职业技术学院　党委书记）

李榆梅（天津生物工程职业技术学院　副院长）

黄宇平（天津生物工程职业技术学院　教务处处长）

齐铁栓（天津市医药集团有限公司　人力资源部部长）

闫凤英（天津华立达生物工程有限公司　总经理）

闵　丽（天津瑞澄大药房连锁有限公司　总经理）

王蜀津（天津中新药业集团股份有限公司隆顺榕制药厂
　　　　人力资源部副部长）

本书编委会

主　编　韩　璐

主　审　李榆梅（天津生物工程职业技术学院）

编　者　韩　璐（天津生物工程职业技术学院）

　　　　张可君（天津生物工程职业技术学院）

　　　　王　尧（天津生物工程职业技术学院）

　　　　孙越鹏（天津生物工程职业技术学院）

编写说明

为使学生入学后即能了解所学专业，热爱所学专业，在新生入学后进行专业入门教育十分必要。多年的教学实践证明，职业院校更需要强化对学生的职业素养教育，使学生熟悉医药行业基本要求，具备专业基本素质，毕业后即与就业岗位零距离对接，成为合格的医药行业准职业人。为此我们组织编写了"医药高等职业教育创新示范教材"。

本套校本教材共计 16 本，分为 3 类。专业入门教育类 11 本，行业公共基础类 3 本，行业指导类 2 本。专业入门教育类教材包括《化学制药技术专业入门手册》、《药物制剂技术专业入门手册》、《药品质量检测技术专业入门手册》、《化工设备维修技术专业入门手册》、《中药制药技术专业入门手册》、《中药专业入门手册》、《现代中药技术专业入门手册》、《药品经营与管理专业入门手册》、《医药物流管理专业入门手册》、《生物制药技术专业入门手册》和《生物实验技术专业入门手册》，以上 11 门教材分别由专业带头人主编。

行业公共基础类教材包括《医药行业法律与法规》、《医药行业卫生学基础》和《医药行业安全规范》，分别由实训中心主任和系主任主编。

行业指导类教材包括《医药行业职业道德与就业指导》和《医药行业社会实践指导手册》，由长期承担学生职业道德指导和社会实践指导的系书记和学生处主任主编。

在本套教材编写过程中，我院组织作者深入与本专业对口的医药行业重点企业进行调研，熟悉调研企业的重点岗位及工作任务，深入了解各专业所覆盖工作岗位的全部生产过程，分析岗位（群）职业要求，总结履行岗位职责应具备的综合能力。因此，本套校本教材体现了教学过程的实践性、开放性和职业性。

本套教材突出以能力为本位，以学生为主体，强调"教、学、做"一体，体现了职业教育面向社会、面向行业、面向企业的办学思想。对深化医药类职业院校教育教学改革，促进职业教育教学与生产实践、技术推广紧密结合，加强学生职业技能的培养，加快为医药行业培养更多、更优秀的高端技能型专门人才都起到了推动作用。

本套教材适用于医药类高职高专教育院校和医药行业职工培训使用。

由于作者水平有限，书中难免有不妥之处，敬请读者批评指正。

天津生物工程职业技术学院
2012 年 6 月

目 录
Contents

模块一　准备好，现在就出发

任务一　微笑迎接挑战，做一名有职业道德的医药人

一、你是一名大学生

大学是国家高等教育的学府，综合性的提供教学和研究条件和授权颁发学位的高等教育机关。大学通常被人们比作用来描述新娘美丽颈项的象牙塔（ivory tower）；是与世隔绝的梦幻境地，这里是一个不同寻常、丰富多彩的小世界，充满着各种各样的机遇。众多的课外活动、体育活动、社会活动的经历将会对你们当中的很多人产生重大影响。希望你在这里度过一段人生中非常特别的时光——这就是你的大学。

请千万记住，无论你在大学中经历了什么，都归属于学习的过程。课堂的知识帮你累积学识和技能，课余的生活帮你提高综合素质，宿舍和班级内的相处帮你提升人际交往的能力，社会实践活动拓展你的视野……这所有的一切就是你们学习的时刻，是你们接触各种思想观念的时刻。这些思想观念与你们过去和将来接触到的不一定相同，这样的体验或许只在你一生中的这段时光里才会经历到。因此，当你遇到欢欣愉悦的事情时，请记住微笑，把你明媚的心情和收获与你的同伴分享，这会让你的幸福感加倍；当你遇到困难和挫折时，请记住以微笑展示你的坚强和乐观，别忘记也把你的落寞和愤愤不平向知己好友倾诉，这会帮你尽快抚平创伤。

今天，你走进了大学校园，你是一名大学生；你将如何在这"小天地"度过你的大学生活，你又将在哪些方面有所长进，下面的内容或许能使你眼前一亮。

1. 专业

没有垃圾专业，只有垃圾学生。大学是一种文化与精神凝聚的场所。很多学生学到了皮毛却没有学到内涵。专业不是你能学到什么，而是你有没有学会怎么学到东西。专业的价值在于你能往脑袋里装多少东西。很多学生认为自己分数高就是专业扎实。但是进入单位后，你会发现这个根本没有用！分数高代表你的考试技能高，不代表你的专业扎实。高分不一定低能，也不一定高能。两者没有任何必然联系。

2. 社团

外国大学的社团当然锻炼人，组织活动，拉赞助，协调人际关系，然后还有很多时候要选择项目维持社团运作，完整的一个公司模式。中国大学的社团也不是一无是处。你可以学到一些沟通能力，而且社团更像一个微型的社会，你该怎么周旋？你该怎么适应？其间你要学会怎么正视别人的白眼儿，学会怎么调节好自己的利益和别人之间的关系。

3. 技能

【硬件】

（1）英语　四级证怎么说呢？算一城市户口。你怎么活下去还是看你的真本事。口语、写作是重中之重。毕竟金山词霸还能在你翻译的时候帮你一把，可是口语交流你总不能捧个文曲星吧？抱怨的时间多看看剑桥的商务英语，有用，谁看谁知道。

（2）专业　专业是立身之本，在企业中，过硬的专业素质是你的立身之本。你有知识才能有发展，就算转行，将来也将有很大的优势。

还是那句话，专业的人不是头脑里有多少知识的人，而是手头工作的专业与自己所学专业不符合的人，能不能很快上手，能不能很快有自己的见解。

【软件】

（1）心态　心平气和地做好手头的工作，你必然会有好结果的。态度决定一切！

（2）知识　不是专业。知识涉猎不一定专，但一定要广！多看看其他方面的书，金融、财会、进出口、税务、法律等等，为以后做一些积累，以后的用处会更大！会少交许多学费！

（3）思维　务必培养自己多方面的能力，包括管理能力、亲和力、察言观色能力、公关能力等，要成为综合素质的高手，则前途无量！技术以外的技能才是更重要的本事！从古到今，美国日本，一律如此！

（4）人脉　多交朋友！不要只和你一样的人交往，认为有共同语言，其实更重要的是和其他类型的人交往，了解他们的经历、思维习惯、爱好，学习他们处理问题的模式，了解社会各个角落的现象和问题，这是以后发展的巨大本钱。

（5）修身　要学会善于推销自己！不仅要能干，还要能说、能写，善于利用一切机会推销自己，树立自己的品牌形象。要创造条件让别人了解自己，不然老板怎么知道你能干？外面的投资人怎么相信你？

最后的最后，永远别忘记对自己说——我是一名大学生，我终将战胜这些，走向光明未来。

二、挑战大学新生常见问题

1. 初入大学的迷惘

（1）大一新生的困惑　对你来说，可能期待大学生活是辉煌灿烂的一个阶段，渴望多姿多彩的校园生活令你终身难以忘怀。然而，当大学生活初步被安顿下来，开始了正常的学习生活之后，最初的惊奇与激情逐渐逝去，大学新生要面临的是一段艰难的心理适应期。

案例

"刚上大学时远离了父母，远离了昔日的朋友，我的心里非常迷惘、非常伤感。新同学的陌生更增加了我心底那份化不开的孤独。每天背着书包奔波在校园中，独自品味着生活的白开水。"一位大学新生在接受心理辅导时如是说。

（2）为什么大学新生容易产生适应困难

①新环境中知音难觅　与大学里面的新同学接触时，总习惯拿高中时

的好友为标准来加以衡量。由于有老朋友的存在，常常会觉得新面孔不太合意。

在高中阶段，上大学几乎是所有高中生最迫切的目标，在这个统一的目标下，找到志同道合的朋友很容易。但是进入大学以后，各人的目标和志向会发生很大的变化，要找到一个在某一方面有共同追求的朋友，就需要较长时间的努力。

②中心地位的失落　全国各地的同学汇集一堂，相比之下，很多新生会发现自己显得比较平常，成绩比自己更优异的同学比比皆是。

这一突然的变化使一些新生措手不及，无法接受理想自我和现实自我之间的巨大差距，一种失落感便袭上心头。

③强烈的自卑感　某些男同学可能会因为身材矮小而自卑，某些女同学可能因长相不佳而自卑；还有一些来自农村或小城镇的同学，与来自大城市的同学相比，往往会觉得自己见识浅薄，没有特长，从而产生自卑感。

2. 环境适应

（1）适应新的校园环境　首先要尽快熟悉校园的"地形"。这样，在办理各种手续、解决各种问题的时候就会比别人更顺利、更节省时间。

其次，在班级中担任一定的工作，也能帮助你尽快适应校园生活。这样与老师、同学接触得越多，掌握的信息越多，锻炼的机会也越多，能力提高很快，自信心也就逐渐建立起来了。

（2）适应校园中的人际环境　你来到大学校园，最有可能面临的情况：

①多人共享一间宿舍　你们会出现就寝、起床时间的差异、个人卫生要求、习惯的差异、对物品爱惜程度的差异等等。在宿舍生活，就是一个五湖四海的融合的过程，意味着你们要彼此适应，互相理解、互相包容。

建议在符合学校相关管理制度的基础上，制定一个宿舍公约，这样将便于寝室内所有人更好、更舒适的生活。

②饮食的差异　食堂的饭菜可能和你家乡的饮食有所差别，你的味蕾、你的胃都要去适应。在外就餐要注意饮食健康。

③可支配生活费的差异　面对同学们之间支配金钱能力的差异，要摆正心态，树立简朴生活的观念，做到勤俭节约，合理安排生活费，保证学习的有效进行。并学会自立、自强，学习理财，如有需要可向生源地申请助学贷款、向学校申请国家奖助学金及各类社会助学金等。

（3）适应校园外的社会环境　离开家乡到异地求学，意味着踏入一个不同的社会环境，怎样搭乘公共汽车、怎样向别人问路、怎样上商店买东西、怎样和小商贩讨价还价要逐步熟悉。了解适应社会环境都有哪些形式，总的来说，适应社会环境有两种形式：一种是改造社会环境，使环境合乎我们的要求；另一种形式是改造我们自己，去适应环境的要求。无论哪种形式，最后都要达到环境与我们自身的和谐一致。

3. 生活适应

案例

某女大学生在考入理想的大学后，从小城市到大城市，从温暖、充满母爱的小家庭到校园中的大家庭，完全不能适应。她说："洗澡要排队，衣服要自己洗，食堂的饭菜又难以下咽……"为此天天给家里打长途电话诉苦。电话里的哭声让母亲揪心，于是母亲只好请假租房陪女儿读书。

（1）培养生活自理能力　从离不开父母的家庭生活到事事完全自理的大学生活，一切都要从头学起。从某种意义上说，这是一种真正的生活独立性的训练。

（2）培养良好的生活习惯　生活习惯代表着个人的生活方式。良好的生活习惯不仅能促进个人的身心健康，而且也能对人的未来发展有间接的作用。

①要合理地安排作息时间，形成良好的作息制度。因为有规律的生活能使大脑和神经系统的兴奋和抑制交替进行，天长日久，能在大脑皮层上形成动力定型，这对促进身心健康是非常有利的。

②要进行适当的体育锻炼和文娱活动。学习之余参加一些文体活动，不但可以缓解刻板紧张的生活，还可以放松心情、增加生活乐趣，反而有

助于提高学习效率。

③要保证合理的营养供应，养成良好的饮食习惯。

④要改正或防止吸烟、酗酒、沉溺于电子游戏等不良的生活习惯。

（3）安排好课余时间　大学校园除了日常的教学活动之外，还有各种各样的讲座、讨论会、学术报告、文娱活动、社团活动、公关活动等等。这些活动对于大学新生来说，的确是令人眼花缭乱，对于如何安排课余时间，大学新生常常心中没谱。如果完全按照兴趣，随意性太大，很难有效地利用高校的有利环境和资源。

应该了解自己近期内要达到哪些目标，长远目标是什么，自己最迫切需要的是什么，各种活动对自己发展的意义又有多大等等。然后做出最好的时间安排，并且在执行计划中不断地修正和发展。

丰富的课余生活不只会增添人生乐趣，也有利于建立自信心，增强社会适应能力。

4. 学习适应

（1）大学新生容易产生学习动机不足的现象　相当一部分大学生身上不同程度地存在着学习动力不足的问题。上大学前后的"动机落差"，自我控制能力差，缺乏远大的理想，没有树立正确的人生观，都是导致大学新生学习动机不足的重要原因。

（2）适应校园的学习气氛　大学里面的学习气氛是外松内紧的。和中学相比，在大学里很少有人监督你，很少有人主动指导你；这里没有人给你制订具体的学习目标，考试一般不公布分数、不排红榜……

但这里绝不是没有竞争。每个人都在独立地面对学业；每个人都该有自己设定的目标；每个人都在和自己的昨天比，和自己的潜能比，也暗暗地与别人比。

（3）调整学习方法　进入大学后，以教师为主导的教学模式变成了以学生为主导的自学模式。教师在课堂讲授知识后，学生不仅要消化理解课堂上学习的内容，而且还要大量阅读相关方面的书籍和文献资料，逐渐地从"要我学"向"我要学"转变，不采用题海战术和死记硬背的方法，提倡生动活泼地学习，提倡勤于思考。

可以说，自学能力的高低成为影响学业成绩的最重要因素。从旧的学习方法向新的学习方法过渡，这是每个大学新生都必须经历的过程。

（4）适应专业学习　对专业课的学习应目标明确具体，主动克服各种学习困难，不断提高学习兴趣；对待公共课，要认识到其实用的价值，努力把对公共课的间接兴趣转化为直接学习兴趣；对选修课的学习，应注意克服仅仅停留在浅层的了解和获知的现象。

（5）适应学习科目　中学阶段，我们一般只学习十门左右的课程，而且有两年时间都把精力砸到高考科目上了，老师主要讲授一般性的基础知识。而大学三年需要学习的课程在30门左右，每一个学期学习的课程都不相同，内容多，学习任务远比中学重得多。大学一年级主要学习公共课程和专业基础课，大学二年级主要学习专业课和专业技能课程以及选修课，大学三年级重点进行专业实习以及顶岗实习。

（6）适应自主学习　中学里，经常有老师占用自习课，让同学们非常苦恼，大学里这种情况几乎不存在了。因为大学里课堂讲授相对减少，自学时间大量增加。同时，大学为学生学习提供了非常好的环境，有藏书丰富的图书馆，有设备先进的实验室，有丰富多彩的课外活动及社团活动。

（7）明确技能要求　在中学时期，学习的内容就是语数外等高考科目，到了大学阶段，我们学习的内容转变技能为主，强调动手能力，加强技能学习与训练。

※ 高中和大学的区别——

高中事情父母包办；大学住校凡事要自己解决。

高中有事班主任通知；大学有事要自己看通知。

高中父母是你的守护者；大学在外你是自己的天使。

高中衣来伸手饭来张口；大学要自力更生丰衣足食。

※ 受人欢迎的品质——

高度喜欢的品质	中性品质的品质	高度厌恶的品质
☆ 热情	◇ 易动情	★ 不可信
☆ 善良	◇ 羞怯	★ 恶毒
☆ 友好	◇ 天真	★ 令人讨厌
☆ 快乐	◇ 好动	★ 不真实
☆ 不自私	◇ 空想	★ 不诚实
☆ 幽默	◇ 追求物欲	★ 冷酷
☆ 负责	◇ 反叛	★ 邪恶
☆ 开朗	◇ 孤独	★ 装假
☆ 信任别人	◇ 依赖别人	★ 说谎

三、新的起点，开启新的人生

成为一名大学生，也掀开了你新的人生的一章。在新的环境中，如想更好地生存和发展，需要尽快熟悉和适应这样的生活。同时在新的环境中开始，我们也可以抛弃过去不好的行为和习惯，秉承好的传统，学习新的更有价值和意义的知识、方法和技能。来到同一个大学，大家的起跑线相同，对你来说也是更大的机遇。及早地做好准备，对自己的人生目标做出分析和确定，而且也愿意花最多时间去完成这个你在医药行业里确立的职业生涯目标，这个目标可以体现你的价值、理想，和对这种成就有追求动机或兴趣。设定一个明确的、可衡量的、可执行的、有时限的目标至关重要，因为"没有目标的人永远给有目标的人打工"。

在大学生活中，要如何完善自己，开启自己新的人生呢？

1. 制订科学的专业学习计划

通常个人的专业学习计划应当包括以下三方面的内容：

（1）明确的专业学习目标 也就是学生通过专业学习达到预期的结果，在专业基本理论、基本知识和基本技能方面达到的水平，在专业能力方面和实际应用方面达到的目标。

（2）进程表 即学习时间和学习进度安排表，包括二个层次，一是总体学习时间和学习进度安排表，即大学期间如何安排专业学习进程，一般来说，大学专业学习进程指导原则是第一年打基础，即学习从事多种职业能力通用的课程和继续学习必需的课程。二是学期进程表，把一个学期的全部时间分成三个部分：学习时间、复习时间、考试时间。分别在三个时间段内制订不同的学习进程表。三是课程进度表，是学生在每门课程中投入的时间和精力的体现。

（3）完成计划的方法和措施　主要指学习方式，学习方式的选择需要考虑的因素：学习基础、学习能力、学习习惯、学科性质、学校能够提供的支持服务、学生能够保证的学习时间等，还要遵循学习心理活动特点和学习规律以及个人的生理规律等。

那么，什么样的专业学习计划才算是科学合理呢？

（1）全面合理　计划中除了有专业学习时间外，还应有学习其他知识的时间。也就是要有合理的知识结构。知识结构是指知识体系在求职者头脑中的内在联系。结构决定着能力，不同的知识结构预示着能否胜任不同性质的工作。随着科学技术的发展，职业发展呈现出智能化、综合化等特点，根据职业发展特点，从业者的知识结构应该更加宽泛、合理。大学生在校学习期间，不仅要掌握本专业知识技能，而且要对相近或相关知识技能进行学习。宽厚的基础知识和必要技能的掌握，才能适应因社会快速发展而对人才要求的不断变化。此外，还应有进行社会工作、为集体服务的时间；有保证休息、娱乐、睡眠的时间。

（2）长时间短安排　在一个较长的时间内，究竟干些什么，应当有个大致计划。比如，一个学期、一个学年应当有个长计划。

（3）重点突出　学习时间是有限的，而学习的内容是无限的，所以必须要有重点，要保证重点，兼顾一般。

（4）脚踏实地　一是知识能力的实际，每个阶段，在计划中要接受消化多少知识？要培养哪些能力？二是指常规学习时间与自由学习时间各有多少？三是"债务"实际，对自己在学习上的"欠债"情况心中有数。四是教学进度的实际，掌握教师教学进度，就可以妥善安排时间，不至于使自己的计划受到"冲击"。

（5）适时调整　每一个计划执行结束或执行到一个阶段，就应当检查一下效果如何。如果效果不好，就要找找原因，进行必要的调整。检查的内容应包括：计划中规定的任务是否完成，是否按计划去做了，学习效果如何，没有完成计划的原因是什么。通过检查后，再修订专业学习计划，改变不科学、不合理的地方。

（6）灵活性　计划变成现实，还需要经过一段时间，在这个过程中会遇到许多新问题、新情况，所以计划不要太满、太死、太紧。要留出机动时间，使计划有一定机动性、灵活性。

2. 能力的自我培养

大学生在大学期间应基本上具有工作岗位所要求的能力，这就要求大学生在大学期间注重能力的自我培养。其途径主要有：

（1）积累知识　知识是能力的基础，勤奋是成功的钥匙。离开知识的积累，能力就成了"无源之水"，而知识的积累要靠勤奋的学习来实现。大学生在校期间，既要掌握已学书本上的知识和技能，也要掌握学习的方法，学会学习，养成自学的习惯，树立终身学习的意识。

（2）专业实验，勤于实践　实验是理论知识的升华和检验，我们可以通过实验来检验专业的理论知识，也能巩固理论知识，加深理解。而实践是培养和提高能力的重要途径，是检验学生是否学到知识的标准。因此大学生在校期间，既要主动积极参加各种校园文化活动，又要勇于参与一些社会实践活动；既要认真参加社会调查活动，又要热心各种公益活动，既要积极参与校内外相结合的科学研究、科技协作、科技服务活动，参加以校内建设或社会生产建设为主要内容的生产劳动，又要热忱参加教育实习活功，参加学校举办的各种类型的学习班、讲学班等。

（3）发展兴趣　兴趣包括直接兴趣和间接兴趣；直接兴趣是事物本身引起的兴趣；间接兴趣是对能给个体带来愉快或益处的活动结果发生的兴趣，人的意志在其中起着积极的促进作用。大学生应该重点培养对学习的间接兴趣，以提高自身能力为目标鼓励自己学习。

（4）超越自我　作为一名大学生，应当注意发展自己的优势能力，但任何优势能力是不够的，大学生必须对已经具备的能力有所拓展，不管其发展程度如何，这是今后生存的需要，也是发展的需要。

3. 身心素质培养

身体素质和心理素质合称为身心素质。身心素质对大学生成才有着重大影响，因此不断提升身心素质显得尤为重要。大学生心理素质提升的主要途径有：

（1）科学用脑

①勤于用脑　大脑用得越勤快，脑功能越发达。讲究最佳用脑时间。研究发现，人的最佳用脑时间存在着很大的差异性，就一天而言，有早晨学习效率最高的百灵鸟型，有黑夜学习效率最高的猫头鹰型，也有最佳学习时间不明显的混合型。

②劳逸结合　从事脑力劳动的时候，大脑皮层兴奋区的代谢过程就逐步加强，血流量和耗氧量也增加，从而使脑的工作能力逐步提高。如果长时间用大脑，消耗的过程逐步越过恢复过程，就会产生疲劳。疲劳如果持续下去，不仅会使学习和工作效率降低，还会引起神经衰弱等疾病。

③多种活动交替进行　人的脑细胞有专门的分工，各司其职。经常轮换脑细胞的兴奋与抑制，可以减轻疲劳，提高效率。

④培养良好的生活习惯　节奏性是人脑的基本规律之一，大脑皮层的兴奋与抑制有节奏地交替进行，大脑才能发挥较大效能。要使大脑兴奋与抑制有节奏，就要养成良好的生活习惯。

（2）正确认识自己　良好的自我意识要求做到自知、自爱，其具体内涵是自尊、自信、自强、自制。自信、自强的人对自己的动机、目的有明确的了解，对自己的能力能做出比较客观的估计。

（3）自觉控制和调节情绪　疾病都与情绪有关，长期的思虑忧郁，过度的气愤、苦闷，都可能导致疾病的发生。大学生希望有健康的身心，就必须经常保持乐观的情绪，在学习、生活和工作中有效地驾驭自己的情绪活动，自觉地控制和调节情绪。

（4）提高克服挫折的能力　正视挫折，战胜或适应挫折。遇到挫折，要冷静分析原因，找出问题的症结，充分发挥主观能动性，想办法战胜它。如果主客观差距太大，虽然经过努力，也无法战胜，就接受它，适应它，或者另辟蹊径，以便再战。要多经受挫折的磨炼。

4. 选择与决策能力的培养

做出明智的选择是一项与每个人的成长、生活息息相关的基本生存技能，我们的每一个决定，都会影响我们的职业生涯发展。在我们的一生中，需要花费无数的时间与精力来选择或做出决定，小到选乘公交车，大到求学、择业，还有恋爱与婚姻……的确，成功与幸福很大程度上取决于我们在"十字路口"上的某个决定。如果能够具备良好的选择和决策能力，那我们在职业发展的道路上会比别人少浪费很多时间。

5. 学会职业适应与自我塑造

法国哲学家狄德罗曾说过：知道事物应该是什么样，说明你是聪明人；知道事物实际是什么样，说明你是有经验的人；知道如何使事物变得更好，说明你是有才能的人。显然，要想获得职业上的成功，首先是学会适应职业环境，就像大自然中的千年动物，能够随着自然环境的变化而调整、改变自己，避免成为"娇贵"的恐龙！

总而言之，在我们非常宝贵的大学期间，我们应努力培养以下各种技能：自学能力、设备使用操作能力、实验动手能力、应用计算机能力、绘图能力、实验测试能力、技术综合能力、独立工作能力、实验数据分析处理能力、独立思考与创造能力、管理能力、组织管理与社交能力、文字语言表达能力。为了达到以上的目标，我们必须提早动手，对未来的学习有个前瞻性的规划，通过学习计划的设计与按部就班的实施，你的目标终将会逐一实现。

四、医药人，我有我要求

近年来，我国医药行业发展迅速，人才需求旺盛。企业在用人之际反馈出新进员工普遍存在敬业精神及合作态度等方面问题，这也就牵涉到当代医药人职业素养层次的问题。在正式成为医药行业高技能人才之前，请你务必意识到良好的职业素养是你今后职业生涯成功与否的基础。

1. 职业素养涵盖的范畴

很多业界人士认为，职业素养至少包含两个重要因素：敬业精神及合作的态度。敬业精神就是在工作中要将自己作为公司的一部分，不管做什么工作一定要做到最好，发挥出实力，对于一些细小的错误一定要及时地更正，敬业不仅仅是吃苦耐劳，更重要的是"用心"去做好公司分配给的每一份工作。态度是职业素养的核心，好的态度比如负责的、积极的，自信的，建设性的，欣赏的，乐于助人等态度是决定成败的关键因素。

职业素养是个很大的概念，是人类在社会活动中需要遵守的行为规范。职业素养中，专业是第一位的，但是除了专业，敬业和道德是必备的，体现到职场上的就是职业素养，体现在生活中的就是个人素质或者道德修养。职业素养在职业过程中表现出来的综合品质，概况来说就是指职业道德、职业思想（意识）、职业行为习惯、职业技能等四个方面。职业素养是一个人职业生涯成败的关键因素，职业素养量化而成"职商"（career quotient，简称CQ）。也可以说一生成败看职商。

2. 大学生职业素养的构成

大学生的职业素养可分为显性和隐性两部分（图1-1）。

（1）显性素养 形象、资质、知识、职业行为和职业技能等方面是显性部分。这些可以通过各种学历证书、职业证书来证明，或者通过专业考试来验证。

（2）隐性素养 职业意识、职业道德、职业作风和职业态度等方面是隐性的职业素养。"素质冰山"理论认为，个体的素质就像水中漂浮的一座冰山，水上部分的知识、技能仅仅代表表层的特征，不能区分绩效优劣：水下部分的动机、特质、态度、责任心才是决定人的行为的关键因素，并藉此鉴别绩效优秀者和一般者。大学生的职业素养也可以看成是一座冰山：冰山浮在水面以上的只有1/8是人们看得见的、显性的职业素养；而冰山隐藏在水面以下的部分占整体的7/8是人们看不见的、隐性的职业素养。显性职业素养和隐性职业素养共同构成了所应具备的全部职业素养。由此可见，大部分的职业素养是人们看不见的，但正是这7/8的隐性职业素养决定、支撑着外在的显性职业素养，同时，显性职业素养是隐性职业素养的外在表现。因此，大学生职业素养的培养应该着眼于整座"冰山"，以培养显性职业素养为基础，重点培养隐性职业素养。

显性素养：
★ 形象　★ 资质　★ 知识
★ 职业行为　★ 职业技术

隐性素养：
● 职业意识
● 职业道德
● 职业作风
● 职业态度

图 1-1　"素质冰山"理论中显性素养和隐性素养比例图示

3. 大学生应具备的职业素养

为了顺应知识经济时代社会竞争激烈、人际交往频繁、工作压力大等特点的要求，每个大学生应具备以下几种基本的职业素养：

（1）思想道德素质　近年来，用人单位对大学生的思想道德素质越来越重视，他们认为思想道德素质高的学生不仅用起来放心，而且有利于本单位文化的发展和进步。思想是行动的先导，而道德是立身之本，很难想象一个思想道德素质差的人能够在工作中赢得别人充分的信任和良好的合作。毕竟人是社会的人，在企业的工作中更是如此。所以，企业在选拔录用毕业生时，对思想道德素质都会很在意。虽然这种素质很难准确测量，但是人的思想道德素质会体现在人的一言一行中，这也是面试的主要目的之一。

（2）事业心和责任感　事业心是指干一番事业的决心。有事业心的人目光远大、心胸开阔，能克服常人难以克服的困难而成为社会上的佼佼者。责任感就是要求把个人利益同国家和社会的发展紧密联系起来，树立强烈的历史使命感和社会责任感。拥有较强的事业心和责任感的大学生才能与单位同甘共苦、共患难，才能将自己的知识和才能充分发挥出来，从而创造出效益。

（3）职业道德　职业道德体现在每一个具体职业中，任何一个具体职业都有本行业的规范，这些规范的形成是人们对职业活动的客观要求。从业者必须对社会承担必要的职责，遵守职业道德，敬业、勤业。具体来说，就是热爱本职工作，恪尽职守，讲究职业信誉，刻苦钻研本职业务，对技术和专业精益求精。在今天，敬业勤业更具有新的、丰富的内涵和标准。不计较个人得失、全心全意为人民服务、勤奋开拓、求实创新等，都是新时代对大学毕业生职业道德的要求。缺乏职业道德的大学生不可能在工作中尽心尽力，更谈不上有所作为；相反，大学毕业生如果拥有崇高的职业道德，不断努力，那么在任何职业上都会做出贡献，服务社会的同时体现个人价值。

（4）专业基础　随着科学技术的迅速发展，社会化大生产不断壮大，现代职业对从业人员专业基础的要求越来越高，专业化的倾向越来越明显。"万金油"式的人才已经不能满足市场的需求，只有拥有"一专多能"才能在求职过程中取胜。大学毕业生应该拥有宽厚扎实的基础知识和广博精深的专业知识。基础知识、基本理论是知识结构的根基。拥有宽厚扎实的基础知识，才能有持续学习和发展的基础和动力。专业知识是知识结构的核心部分，大学生要对自己所从事专业的知识和技术精益求精，对学科的历史、现状和发展趋势有较深的认识和系统的了解，并善于将其所学的专业和其他相关知识领域紧密联系起来。

（5）学习能力　现代社会科学技术飞速发展，一日千里。只有基础牢，会学习，善于汲取新知识、新经验，不断在各方面完善自己，才能跟上时代的步伐。有研究观点认为，一个大学毕业生在学校获得的知识只占一生工作所需知识的10%，其余需在毕业后的继续学习中不断获取。

（6）人际交往能力　人际交往能力就是与人相处的能力。随着社会分工的日益精细以及个人能力的限制，单打独斗已经很难完成工作任务，人际间的合作与沟通已必不可少。大学毕业生应该积极主动地参与人际交往，做到诚实守信、以诚待人，同时努力培养团队协作精神，这样才能逐步提高自己的人际交往能力。

（7）吃苦精神　用人单位认为近年来所招大学生最缺乏的素质是实干

精神。现在的大学生最大的弱点是怕吃苦，缺乏实干的奋斗精神。大凡有所成就的人，无一不是通过艰苦创业而成才的。作为当代大学生，我们应从平时小事做起，努力培养吃苦耐劳的创业精神。

（8）创新精神　现代社会日新月异，我们不能墨守成规。在市场经济条件下，各企业都要参与激烈的市场竞争。用人单位迫切需要大学生运用创新精神和专业知识来帮助他们改造技术，加强企业管理，使产品不断更新和发展，给企业带来新的活力。信息时代是物资极弱的时代，非物资需求成为人类的重要需求，信息网络的全球架构使人类生活的秩序和结构发生根本变化。人才，尤其是信息时代的人才，更需要创新精神。

（9）身体素质　现代社会生活节奏快，工作压力大，没有健康的体魄很难适应。用人单位都希望自己的员工能健康地为单位多做贡献，而不希望看到他们经常请病假。身体有疾病的员工不但会耽误自己的工作，还有可能对单位的其他同事造成影响。用人单位和大学生签订协议书之前，都会要求大学生提交身体检查报告，如果身体不健康，即使其他方面非常优秀，也会被拒之门外。

（10）健康的心理　健康的心理是一个人事业能否取得成功的关键，它是指自我意识的健全，情绪控制的适度，人际关系的和谐和对挫折的承受能力。心理素质好的人能以旺盛的精力、积极乐观的心态处理好各种关系，主动适应环境的变化；心理素质差的人则经常处于忧愁困苦中，不能很好地适应环境，最终影响了工作甚至带来身体上的疾病。大学毕业生在走出校园以后，会遇到更加复杂的人际关系，更为沉重的工作压力，这都需要大学毕业生很好地进行自我调适以适应社会。

总的来说，大学生应具备的职业意识包括：市场意识、创新意识、合作意识、服务意识、法律意识、竞争意识、创业意识。而大学生应具备的职业能力又包括以下几个方面：终身学习能力、人际沟通能力、开发创造能力、协调沟通能力、言语表达能力、组织管理能力、判断决策能力、职场人格魅力、信息处理能力、应变处理能力。

4. 职业素养的自我培养

作为职业素养培养主体的大学生，在大学期间应该学会自我培养。

（1）要培养职业意识　雷恩·吉尔森说："一个人花在影响自己未来命运的工作选择上的精力，竟比花在购买穿了一年就会扔掉的衣服上的心思要少得多，这是一件多么奇怪的事情，尤其是当他未来的幸福和富足要全部依赖于这份工作时。"很多高中毕业生在跨进大学校门之时就认为已经完成了学习任务，可以在大学里尽情地"享受"了。这正是他们在就业时感到压力的根源。清华大学的樊富珉教授认为，中国有69%～80%的大学生对未来职业没有规划，就业时容易感到压力。中国社会调查所完成的一项在校大学生心理健康状况调查显示，75%的大学生认为压力主要来源于社会就业。50%的大学生对于自己毕业后的发展前途感到迷茫，没有目标；41.7%的大学生表示目前没考虑太多；只有8.3%的人对自己的未来有明确的目标并且充满信心。培养职业意识就是要对自己的未来有规划。因此，大学期间，每个大学生应明确我是一个什么样的人？我将来想做什么？我能做什么？环境能支持我做什么？着重解决一个问题，就是认识自己的个性特征，包括自己的气质、性格和能力，以及自己的个性倾向，包括兴趣、动机、需要、价值观等。据此来确定自己的个性是否与理想的职业相符：对自己的优势和不足有一个比较客观的认识，结合环境如市场需要、社会资源等确定自己的发展方向和行业选择范围，明确职业发展目标。

（2）配合学校的培养任务，完成知识、技能等显性职业素养的培养

职业行为和职业技能等显性职业素养比较容易通过教育和培训获得。学校的教学及各专业的培养方案是针对社会需要和专业需要所制订的，旨在使学生获得系统化的基础知识及专业知识，加强学生对专业的认知和知识的运用，并使学生获得学习能力、培养学习习惯。因此，大学生应该积极配合学校的培养计划，认真完成学习任务，尽可能利用学校的教育资源，包括教师、图书馆等获得知识和技能，作为将来职业需要的储备。

（3）有意识地培养职业道德、职业态度、职业作风等方面的隐性素养

隐性职业素养是大学生职业素养的核心内容。核心职业素养体现在很多方面，如独立性、责任心、敬业精神、团队意识、职业操守等。事实表明，很多大学生在这些方面存在不足。有记者调查发现，缺乏独立性、会

抢风头、不愿下基层吃苦等表现容易断送大学生的前程。如某企业招聘负责人在他所进行的一次招聘中，一位来自上海某名牌大学的女生在中文笔试和外语口试中都很优秀，但被最后一轮面试淘汰。他说："我最后不经意地问她，你可能被安排在大客户经理助理的岗位，但你的户口能否进深圳还需再争取，你愿意吗?"结果，她犹豫片刻回答说："先回去和父母商量再决定。"缺乏独立性使她失掉了工作机会。而喜欢抢风头的人被认为没有团队合作精神，用人单位也不喜欢。如今，很多大学生生长在"6 + 1"的独生子女家庭，因此在独立性、承担责任、与人分享等方面都不够好，相反他们爱出风头、容易受伤。因此，大学生应该有意识地在学校的学习和生活中主动培养独立性，学会分享、感恩，勇于承担责任，不要把错误和责任都归咎于他人。自己摔倒了不能怪路不好，要先检讨自己，承认自己的错误和不足。

大学生职业素养的自我培养应该加强自我修养，在思想、情操、意志、体魄等方面进行自我锻炼。同时，还要培养良好的心理素质，增强应对压力和挫折的能力，善于从逆境中寻找转机。

5. 医药人的职业道德要求

（1）药学科研的职业道德要求

①忠诚事业，献身药学

②实事求是，一丝不苟

③尊重同仁，团结协作

④以德为先，尊重生命

（2）药品生产的职业道德要求

①保证生产，社会效益与经济效益并重

②质量第一，自觉遵守规范（GMP）

③保护环境，保护药品生产者的健康

④规范包装，如实宣传

⑤依法促销，诚信推广

（3）药品经营的职业道德要求

1）药品批发的道德要求

①规范采购，维护质量

②热情周到，服务客户

2）药品零售的道德要求

①诚实守信，确保销售质量

②指导用药，做好药学服务

(4) 医院药学工作的职业道德要求

①合法采购，规范进药

②精心调剂，热心服务

③精益求精，确保质量

④维护患者利益，提高生活质量

任务二　高等职业教育，我的选择无怨无悔

一、普通高等教育和高等职业教育

《国家中长期教育改革和发展规划纲要（2010–2020 年)》（简称《教育规划纲要》)，对高等教育提出了发展规划。基于此，我们来看一下普通高等教育和高等职业教育。

1. 普通高等教育

高等教育承担着培养高级专门人才、发展科学技术文化、促进社会主义现代化建设的重大任务。到 2020 年，高等教育结构更加合理，特色更加鲜明，人才培养、科学研究和社会服务整体水平全面提升，着力培养信念执著、品德优良、知识丰富、本领过硬的高素质专门人才和拔尖创新人才。

国家将加快建设一流大学和一流学科。以重点学科建设为基础，继续实施"985 工程"和优势学科创新平台建设，继续实施"211 工程"和启动特色重点学科项目。坚持服务国家目标与鼓励自由探索相结合，加强基

础研究；以重大现实问题为主攻方向，加强应用研究。促进高校、科研院所、企业科技教育资源共享，推动高校创新组织模式，培育跨学科、跨领域的科研与教学相结合的团队。

普通高等教育五大学历教育是国家教育部最为正规且用人单位最为认可的学历教育，主要包括全日制普通博士学位研究生、全日制普通硕士学位研究生（包括学术型硕士和专业硕士）、全日制普通第二学士学位、全日制普通本科、全日制普通专科（高职）。

2. 高等职业教育

我国的高等职业技术教育开始于 20 世纪 80 年代初，1995 年以后，特别是 1996 年 6 月全国教育工作会议之后，高等职业技术教育发展迅速。中央和地方也出台了一系列好政策、好措施。教育部批准设置了 92 所高等职业技术学院，各地方也成立了具有地方特色的高等职业技术学院，许多普通高校也以不同形式设置了职业技术学院，高等职业技术教育的发展出现了大好局面。

国家在《教育规划纲要》中提及要大力发展职业教育。职业教育要面向人人、面向社会，着力培养学生的职业道德、职业技能和就业创业能力。到 2020 年，形成适应经济发展方式转变和产业结构调整要求、体现终身教育理念、中等和高等职业教育协调发展的现代职业教育体系，满足人民群众接受职业教育的需求，满足经济社会对高素质劳动者和技能型人才的需要。

政府切实履行发展职业教育的职责。把职业教育纳入经济社会发展和产业发展规划，促使职业教育规模、专业设置与经济社会发展需求相适应。统筹中等职业教育与高等职业教育发展。健全多渠道投入机制，加大职业教育投入。

把提高质量作为重点。以服务为宗旨，以就业为导向，推进教育教学改革。实行工学结合、校企合作、顶岗实习的人才培养模式。坚持学校教育与职业培训并举，全日制与非全日制并重。调动行业企业的积极性。

由此来看，高等职业院校既拥有普通高等教育的学历，也享受到国家对高等教育和职业教育的双重投入。身为高等职业院校一名学生的你，不仅将成长为高素质技能型人才服务于企业和社会，也将有机会继续深造提升学历水平，成为本领过硬的高素质专门人才和拔尖创新人才。

3. 高等职业技术教育与普通高等教育比较研究

目前我国正在加紧推进高等教育大众化进程，而加速高等职业教育的发展是实现高等教育大众化的主要途径。高等职业教育和普通高等教育有着许多相同的地方，如共同遵循教育的基本原则，共同追求培养社会主义的德智体美劳全面发展的建设者和接班人的总体目标，共同遵循着政策宏观调控与高校自主办学积极性相结合的原则，共同接受衡量教育教学质量的一个宏观标准。但高等职业教育与普通高等教育又有着明显的区别。

（1）高等职业教育与普通高等教育在人才培养上的区别

①源渠道上的区别　目前高职院校的生源来自于三个方面：一是参加普通高考的学生，二是中等职业技术学院和职业高中对口招生的学生，三是初中毕业的学生；而普通高等教育的生源通常是在校的高中毕业生。

②培养目标上的区别　普通高等教育主要培养的是研究型和探索型人才以及设计型人才，而高等职业教育则是主要培养既具有大学程度的专业知识，又具有高级技能，能够进行技术指导并将设计图纸转化为所需实物，能够运用设计理念或管理思想进行现场指挥的技术人才和管理人才。换句话说，高等职业教育培养的是技艺型、操作型的、具有大学文化层次的高级技术人才。同普通高等教育相比，高等职业教育培养出来的学生，毕业后大多数能够直接上岗，一般没有所谓的工作过渡期或适应期，即使有也是非常短的。

③与经济发展关系上的区别　随着社会的发展，高等教育与社会经济发展的联系越来越紧密，高等职业教育又是高等教育中同经济发展联系最为密切的一部分。在一定的发展阶段中，高等职业教育的学生人数的增长与地区的国民生产总值的变化处于正相关状态，高职教育针对本地区的经济发展和社会需要，培养相关行业的高级职业技术人才，它的规模与发展速度和产业结构的变化，取决于经济发展的速度和产业结构的变化。随着我国经济结构的战略性调整，社会对高等职业教育的发展要求和定位必然

以适应社会和经济发展的需求为出发点和落脚点，高等职业教育如何挖掘自身内在的价值，使之更有效地服务于社会是其根本性要求。

④专业设置与课程设置上的区别　在专业设置及课程设置上，普通高等教育是根据学科知识体系的内部逻辑来严格设定的，而高等职业教育则是以职业岗位能力需求或能力要素为核心来设计的。就高等职业教育的专业而言，可以说社会上有多少个职业就有多少个专业；就高等职业教育的课程设置而言，也是通过对职业岗位的分析，确定每种职业岗位所需的能力或素质体系，再来确定与之相对应的课程体系。有人形象地说，以系列产品和职业证书来构建课程体系，达到高等职业教育与社会需求的无缝接轨。

⑤培养方式上的区别　普通高等教育以理论教学为主，虽说也有实验、实习等联系实际的环节，但其目的仅仅是为了更好地学习、掌握理论知识，着眼于理论知识的理解与传授。而高等职业教育则是着眼于培养学生的实际岗位所需的动手能力，强调理论与实践并重，教育时刻与训练相结合，因此将技能训练放在了极其重要的位置上，讲究边教边干，边干边学，倡导知识够用为原则，缺什么就补什么，实践教学的比重特别大。这样带来的直接效果是，与普通高等教育相比，高等职业教育所培养的学生，在毕业后所从事的工作同其所受的职业技术教育的专业是对口的，他们有较好的岗位心理准备和技术准备，因而能迅速地适应各种各样的工作要求，为企业或单位带来更大的经济效益。

（2）高等职业教育与普通高等教育在课堂教学评价上的区别　根据高等职业教育与普通高等教育在上述两个方面具有的明显区别，对二者在课堂教学评价问题上区别就容易得出答案了。从评价内容来看，普通高等教育重点放在教师对基础科学知识的传授之上；高等职业教育则主要放在教师对技术知识与操作技能的传授方面。从评价过程来看，普通高等教育主要围绕教师的教学步骤展开；高等职业教育则主要围绕学生的学习环节来进行。从评价者来看，普通高等教育主要是以学科教师为主；高等职业教育则主要以岗位工作人员为主。从评价方式来看，普通高等教育主要以同行和专家评价为主；高等职业教育则主要以学生评教为主。

4. 结论

（1）高等职业技术教育和普通高等教育都是高等教育的重要组成部分，二者只有类型的区别，没有层次的区别。因此，高等职业技术教育既是高等教育的一种类型，又是职业技术教育高层次。

（2）高等职业技术教育和普通高等教育在培养目标上有所区别：高等职业技术教育的培养目标是定位于技术型人才的培养；普通高等教育强调培养目标的学术定向性，而高等职业教育强调培养目标的职业定向性。普通高等教育培养的是理论型人才，而高等职业教育培养的是应用型人才。高等职业教育不仅需要学生掌握基本知识和理论，还需要学生提高实践能力。

（3）高等职业技术教育和普通高等教育在培养模式上有所差异：普通高等教育在人才培养模式中强调学科的"重要性"，注重理论基础的"广博性"和专业理论的"精深性"；专业设置体现"学科性"，课程内容注重"理论性"，教学过程突出"研究性"。高等职业技术教育则更为强调职业能力的"重要性"，注重理论基础的"实用性"；专业设置体现"职业性"，课程内容强调"应用性"，教学过程注重"实践性"。

（4）高等职业技术教育和普通高等教育在教学管理上有所不同：普通高等教育在教学管理中更注重稳定性、长效性和学术自主性。相对而言，高等职业技术教育则更强调教学管理的灵活性、应变性、多重协调性和目标导向性。

（5）普通高等教育需要的是基础理论扎实、学术水平高、科研能力强的教师队伍，高等职业教育需要的是既在理论讲解方面过硬，又在技艺和技能方面见长的"双师型"的教师队伍。

（6）高等职业技术教育和普通高等教育在生源、教育特色、实践能力等方面也存在一定差异。

二、我国大力发展高等职业教育

我国高等职业教育担负着培养适应社会需求的生产、管理、服务第一线应用性专门人才的使命，高等职业教育的改革发展对全国实施科教兴国战略和人才强国战略有着极为重要的意义。随着经济体制改革的不断深入和国民经济的快速发展，我国在制造业、服务业等行业的技术应用性人才紧缺的状况越来越突出，它直接影响了生产规模和产品质量，制约了产业的发展，影响了国际竞争力的增强。因此，国家十分强调要"大力发展高等职业教育"。

在过去的 10 年，我国高职教育规模得到迅猛的发展。独立设置院校数从 431 所增长到 1184 所，占普通高校总数的 61%；2008 年高职教育招生数达到 311 万人，比 1998 年增长了 6 倍，在校生近 900 万人，对高等教育进入大众化历史阶段发挥了重要的基础性作用。

2006 年 11 月 16 日，中华人民共和国教育部颁布文件《教育部关于全面提高高等职业教育教学质量的若干意见》（教高〔2006〕16 号）明确指出："高等职业教育作为高等教育发展中的一个类型，肩负着培养面向生产、建设、服务和管理第一线需要的高技能人才的使命，在我国加快推进社会主义现代化建设进程中具有不可替代的作用。"同时，开始实施被称为"高职 211 工程"的"国家示范性高等职业院校建设计划"，力争到 2020 年出现 20 所文化底蕴丰厚、办学功底扎实、具有核心发展力且被国外高等职业教育界广泛认可的世界著名高职院校；重点建设 100 所办学特色鲜明、教学质量优良在全国起引领示范作用的高职院校；重点建设 1000 个技术含量高，社会适应性强，有地方特色和行业优势的品牌专业。截至 2008 年，中华人民共和国教育部和财政部已经正式遴选出了天津职业大学、成都航空职业技术学院、深圳职业技术学院等 100 所国家示范性高等职业院校建设单位和 8 所重点培育院校。自此，高等职业教育和高职院校进入了一个前所未有的新的发展历史时期。

《中共中央关于制定国民经济和社会发展第十二个五年规划的建议》中提到"加快教育改革发展。全面贯彻党的教育方针，保障公民依法享有受教育的权利，办好人民满意的教育。按照优先发展、育人为本、改革创新、促进公平、提高质量的要求，深化教育教学改革，推动教育事业科学发展。全面推进素质教育，遵循教育规律和学生身心发展规律，坚持德育为先、能力为重，促进学生德智体美全面发展。积极发展学前教育，巩固提高义务教育质量和水平，加快普及高中阶段教育，大力发展职业教育，全面提高高等教育质量，加快发展继续教育，支持民族教育、特殊教育发展，建设全民学习、终身学习的学习型社会。"

《教育规划纲要》中也提出建立健全政府主导、行业指导、企业参与的办学机制，制定促进校企合作办学法规，推进校企合作制度化。鼓励行业组织、企业举办职业学校，鼓励委托职业学校进行职工培训。制定优惠政策，鼓励企业接收学生实习实训和教师实践，鼓励企业加大对职业教育的投入。

《国务院办公厅关于开展国家教育体制改革试点的通知》也提出改革职业教育办学模式，构建现代职业教育体系，提出了若干试点建设。其中天津分别被列入"建立健全政府主导、行业指导、企业参与的办学体制机制，创新政府、行业及社会各方分担职业教育基础能力建设机制，推进校企合作制度化"的试点城市；"开展中等职业学校专业规范化建设，加强职业学校'双师型'教师队伍建设，探索职业教育集团化办学模式"的试点城市；"探索建立职业教育人才成长'立交桥'，构建现代职业教育体系"的试点城市。

借助国家大力发展高等职业教育的东风，高职院校将优化资源配置、积极探索多样化的办学模式，促进教学改革和课程改革等。高职院校将有更多机会筹建各类实训基地、参与及组织各类职业技能竞赛，实现健全技能型人才培养体系，推动普通教育与职业教育相互沟通，相互借鉴，为学生提供更好的学习平台，提升学生的职业素养，与企业实现零距离接轨，更快地服务于区域经济发展。

三、专业、职业、工种、岗位的内涵

以工学结合为特色、以就业为导向、以服务为宗旨是高等职业院校的办学理念。鉴于此，学生入校以来就要和企业需求紧密结合。在入学之初，我们及早了解专业与职业、工种及岗位之间的联系，将更有利于开展今后的学习。

1. 专业

根据《普通高等学校高职高专教育专业设置管理办法（试行）》，由教育部组织制订的《普通高等学校高职高专教育指导性专业目录》（以下简称《目录》）是国家对高职高专教育进行宏观指导的一项基本文件，是指导高等学校设置和调整专业，教育行政部门进行教育统计和人才预测等工作的重要依据，也可作为社会用人单位选择和接收毕业生的重要参考。

其所列专业是根据高职高专教育的特点，以职业岗位群或行业为主兼顾学科分类的原则进行划分的，体现了职业性与学科性的结合，并兼顾了与本科目录的衔接。专业名称采取了"宽窄并存"的做法，专业内涵体现了多样性与普遍性相结合的特点，同一名称的专业，不同地区不同院校可以且提倡有不同的侧重与特点。《目录》分设农林牧渔、交通运输、生化与药品、资源开发与测绘、材料与能源、土建、水利、制造、电子信息、环保气象与安全、轻纺食品、财经、医药卫生、旅游、公共事业、文化教育、艺术设计传媒、公安、法律等。截止 2012 年，我国高职高专教育拟招生专业 1073 种，专业点 51378 个。

2. 职业

职业是参与社会分工，利用专门的知识和技能，为社会创造物质财富和精神财富，获取合理报酬，作为物质生活来源，并满足精神需求的工作。我国职业分类，根据我国不同部门公布的标准分类，主要有两种类型：

第一种：根据国家统计局、国家标准总局、国务院人口普查办公室 1982 年 3 月公布，供第三次全国人口普查使用的《职业分类标准》。该《标准》依据在业人口所从事的工作性质的同一性进行分类，将全国范围内的职业划分为大类、中类、小类三层，即 8 大类、64 中类、301 小类。其 8 个大类的排列顺序是：第一，各类专业、技术人员；第二，国家机关、党群组织、企事业单位的负责人；第三，办事人员和有关人员；第四，商业工作人员；第五，服务性工作人员，第六，农林牧渔劳动者；第七，生产工作、运输工作和部分体力劳动者；第八，不便分类的其他劳动者。在八个大类中，第一、二大类主要是脑力劳动者，第三大类包括部分脑力劳动者和部分体力劳动者，第四、五、六、七大类主要是体力劳动者，第八类是不便分类的其他劳动者。

第二种：国家发展计划委员会、国家经济委员会、国家统计局、国家标准局批准，于1984年发布，并于1985年实施的《国民经济行业分类和代码》。这项标准主要按企业、事业单位、机关团体和个体从业人员所从事的生产或其他社会经济活动的性质的同一性分类，即按其所属行业分类，将国民经济行业划分为门类、大类、中类、小类四级。门类共13个：①农、林、牧、渔、水利业；②工业；③地质普查和勘探业；④建筑业；⑤交通运输业、邮电通信业；⑥商业、公共饮食业、物资供应和仓储业；⑦房地产管理、公用事业、居民服务和咨询服务业；⑧卫生、体育和社会福利事业；⑨教育、文化艺术和广播电视业；⑩科学研究和综合技术服务业；⑪金融、保险业；⑫国家机关、党政机关和社会团体；⑬其他行业。这两种分类方法符合我国国情，简明扼要，具有实用性，也符合我国的职业现状。

（1）职业资格　职业资格是对从事某一职业所必备的学识、技术和能力的基本要求。

职业资格包括从业资格和执业资格。从业资格是指从事某一专业（职业）学识、技术和能力的起点标准。执业资格是指政府对某些责任较大，社会通用性强，关系公共利益的专业（职业）实行准入控制，是依法独立开业或从事某一特定专业（职业）学识、技术和能力的必备标准。

（2）职业证书　职业资格证书是劳动就业制度的一项重要内容，也是一种特殊形式的国家考试制度。它是指按照国家制定的职业技能标准或任职资格条件，通过政府认定的考核鉴定机构，对劳动者的技能水平或职业资格进行客观公正、科学规范的评价和鉴定，对合格者授予相应的国家职业资格证书。

《劳动法》第八章第六十九条规定："国家确定职业分类，对规定的职业制定职业技能标准，实行职业资格证书制度，由经过政府批准的考核鉴定机构负责对劳动者实施职业技能考核鉴定。"

《职业教育法》第一章第八条明确指出："实施职业教育应当根据实际需要，同国家制定的职业分类和职业等级标准相适应，实行学历文凭、培训证书和职业资格证书制度"。

这些法律条款确定了国家推行职业资格证书制度和开展职业技能鉴定的法律依据。

（3）职业资格等级证书等级　我国职业资格证书分为五个等级：初级工（五级）、中级工（四级）、高级工（三级）、技师（二级）和高级技师（一级）。

3. 工种

工种是根据劳动管理的需要，按照生产劳动的性质、工艺技术的特征、或者服务活动的特点而划分的工作种类。

目前大多数工种是以企业的专业分工和劳动组织的基本状况为依据，从企业生产技术和劳动管理的普遍水平出发，为适应合理组织劳动分工的需要，根据工作岗位的稳定程度和工作量的饱满程度，结合技术发展和劳动组织改善等方面的因素进行划分的。

如，医药特有工种职业（工种）目录涉及化学合成制药工工种 47 种、生化药品制造工的生化药品提取工、发酵工程制药工微生物发酵工等 6 种、药物制剂工工种 31 种、药物检验工工种 7 种、实验动物饲养工药理实验动物饲养工、医药商品储运员（含医疗器械）工种 5 种、淀粉葡萄糖制造工工种 12 种。

4. 岗位

岗位，是组织为完成某项任务而确立的，由工种、职务、职称和等级内容组成。岗位职责指一个岗位所要求的需要去完成的工作内容以及应当承担的责任范围。

药事管理涉及药品注册、研究开发、生产、经营、流通、使用、价格、广告等方面，意味着在相应方面均有基层工作和管理、监督检查人员。每一环节均有其对应的岗位及岗位职责。

总体来看，选择学习了哪一专业，就意味着今后进入哪一行业，从事何种职业的机会更大一些。要积极面对专业课程的学习，同时寻求拓展专业知识的机会，有条件的基础上，可以自学其他专业的课程，增加自己的职场竞争力。

四、高等职业教育实行"双证书"制度

所谓双证书制，是指高职院校毕业生在完成专业学历教育获得毕业文凭的同时，必须参与其专业相衔接的国家就业准入资格考试并获得相应的职业资格证书。即高等职业院校的毕业生应取得学历和技术等级或职业资格两种证书的制度。

高职学历证书与职业资格证书既有紧密联系，又有明显区别。高职学历教育与职业资格证书制度的根本方向和主要目的具有一致性，都是为了促进从业人员职业能力的提高，有效地促进有劳动能力的公民实现就业和再就业，二者都以职业活动的需要作为基本依据。但是，二者又不能相互等同、相互取代。职业资格标准的确定仅以社会职业需要为依据，是关于"事"的标准，主要是为了维护用人单位的利益和社会公共利益。学历教育与职业资格的考核方式也存在明显不同。职业资格鉴定只是一种终结性的考核评价，而学历教育既注重毕业时和课程结束时的终结性考核评价，更注重学习过程中的发展性评价。为了达到教育目标，学历教育可以采用标准参照，也可以采用常模参照，而职业资格鉴定仅采用标准参照。此外，职业资格鉴定要规定从业者的工作经历，而毕业证书的发放则要规定学习者的学习经历。

双证书制度是在高等职业教育改革形势下应运而生的一种新的制度设计，是对传统高职教育的规范和调整。实行双证书制度是国家教育法规的要求，是人才市场的要求，也是高等职业教育自身的特性和社会的需要。

1. 实行双证书制度是国家教育法规的要求

几年来国家在许多法规和政策性文件中提出了实行双证书制度的要求。1996 年颁布的《中华人民共和国职业教育法》规定"实施职业教育应当根据实际需要，同国家制定的职业分类和职业等级标准相适应，实行学历证书、培训证书和职业资格证书制度。"并明确"学历证书、培训证书按照国家有关规定，作为职业学校、职业培训机构的毕业生、结业生从业的凭证。"1998 年国家教委、国家经贸委、劳动部《关于实施〈职业教育法〉加快发展职业教育的若干意见》中详细说明："要逐步推行学历证

书或培训证书和职业资格证书两种证书制度。接受职业学校教育的学生，经所在学校考试合格，按照国家有关规定，发给学历证书；接受职业培训的学生，经所在职业培训机构或职业学校考核合格，按照国家有关规定，发给培训证书。对职业学校或职业培训机构的毕（结）业生，要按照国家制定的职业分类和职业等级、职业技能标准，开展职业技能考核鉴定，考核合格的，按照国家有关规定，发给职业资格证书。学历证书、培训证书和职业资格证书作为从事相应职业的凭证。"《教育规划纲要》提到要增强职业教育吸引力，完善职业教育支持政策。积极推进学历证书和职业资格证书"双证书"制度，推进职业学校专业课程内容和职业标准相衔接。完善就业准入制度，执行"先培训、后就业"、"先培训、后上岗"的规定。

以上这些，为实行双证书制度提供了法律依据和政策保证。

2. 实行双证书制度是社会人才市场的要求

随着社会主义市场经济的发展，社会人才市场对从业人员素质的要求越来越高，特别是对高级实用型人才的需求更讲究"适用"、"效率"和"效益"，要求应职人员职业能力强，上岗快。这就要求高等职业院校的毕业生，在校期间就要完成上岗前的职业训练，具有独立从事某种职业岗位工作的职业能力。双证书制度正是为此目的而探索的教育模式，职业资格证书是高职毕业生职业能力的证明，谁持有的职业资格证书多，谁的从业选择性就大，就业机会就多。

3. 实行双证书制度是高职教育自身的特性

高等职业教育是培养面向基层生产、服务和管理第一线的高级实用型人才。双证书是实用型人才的知识、技能、能力和素质的体现和证明，特别是技术等级证书或职业资格证书是高等职业院校毕业生能够直接从事某种职业岗位的凭证。因此，实行双证书制度是高等职业教育自身的特性和实现培养目标的要求。

高等职业教育实行"双证书"制度主旨在于提高高职院校学生的就业竞争力，确保学生毕业后能够学有所有，大力服务于企业发展及社会主义经济建设。

五、高职毕业生，职场上的香饽饽

1. 全国就业整体形势

《国务院关于批转促进就业规划（2011－2015年）的通知》中对"十二五"时期面临的就业形势做出明确阐述："十二五"时期，我国就业形势将更加复杂，就业总量压力将继续加大，劳动者技能与岗位需求不相适应、劳动力供给与企业用工需求不相匹配的结构性矛盾将更加突出，就业任务更加繁重。

2. 政策措施

（1）促进以创业带动就业　健全创业培训体系，鼓励高等和中等职业学校开设创业培训课程。健全创业服务体系，为创业者提供项目信息、政策咨询、开业指导、融资服务、人力资源服务、跟踪扶持，鼓励有条件的地方建设一批示范性的创业孵化基地。

（2）统筹做好城乡、重点群体就业工作　其中就明确要切实做好高校毕业生和其他青年群体的就业工作。

一方面继续把高校毕业生就业放在就业工作的首位，积极拓展高校毕业生就业领域，鼓励中小企业吸纳高校毕业生就业。鼓励引导高校毕业生面向城乡基层、中西部地区，以及民族地区、贫困地区和艰苦边远地区就业，落实各项扶持政策。

另一方面，鼓励高校毕业生自主创业，支持高校毕业生参加就业见习和职业培训。

3. 大力培养急需紧缺人才

"十二五规划"提出教育和人才工作发展任务、创新驱动实施科教兴国和人才强国战略。其中提到促进各类人才队伍协调发展。涉及到要大力开发装备制造、生物技术、新材料、航空航天、国际商务、能源资源、农业科技等经济领域和教育、文化、政法、医药卫生等社会领域急需紧缺专门人才，统筹推进党政、企业经营管理、专业技术、高技能、农村实用、社会工作等各类人才队伍建设，实现人才数量充足、结构合理、整体素质和创新能力显著提升，满足经济社会发展对人才的多样化需求。

4. 高职生就业现状

在政策扶持下，高职高专院校就业率连年攀升。经过多年的发展，秉持着以就业为导向的办学目标，目前国内不少高职高专院校终于百炼成钢，摸准了市场的脉搏，按照市场需求培养的学生就成了就业市场上的"香饽饽"。

高职院校就业率高的主要原因在于培养的人才"适销对路"，职业能力强、专业对口人才紧缺、订单式培养是高职毕业生就业率走高的根本原因。各高职学院积极地与企业合作，根据市场需求进行课程开发；通过校企合作，企业把车间搬到学院，或者学生到企业以场中校的形式，把学生的实践环节做足做实，真正地与就业零距离接触。再者现在越来越多的用人单位讲究人才的优化配置，做到人岗匹配，对某些岗位来说，录用高职生比录用本科生可以花费更少的薪酬及培训成本，却能获得更好的用人效果。

很多高职学生通过在校期间参加各类实训、工学交替、订单培养班及技能大赛等，练就了一身本领，拿到了相关的职业资格证书，掌握了企业急需的专业技能，这些磨砺使企业看到了他们的价值，帮助他们确立了在企业中的工作岗位，有些甚至成为用人单位后备人才培养对象。

社会经济发展趋势及企业对技能型人才的需求越旺盛，高职毕业生的优势就越来越凸现，有些高职毕业生还没有毕业就被用人单位提前预订一空，有些在学期间就能拿着比不少本科毕业生还要高的薪水。

当然，高职毕业生不应满足于眼前的高就业率，更应为个人今后长期的职业发展，做出更好的规划，要不断地提升个人学历层次或是提升技能水平，以满足不断变化的市场需求，长期处于优势地位。

模块二　学技能，就业有实力

任务一　学技能，三年早知道

同学们选择了生物实验技术这个专业，对这个专业了解多少呢？选择这个专业是你的一时兴起，还是经过了深思熟虑呢？接下来的三年时间，你将如何度过呢？接下来的阅读也许你会有所收获。

一、生物实验技术专业概况

生物实验技术专业的专业代码是530102，在高等职业教育专业分类中属于生化与药品大类中的生物技术类。

（一）国内本专业开办情况

2012年生物实验技术专业在全国范围内共有5所高职院校有招生资格，见表2-1。

表2-1　国内开办生物实验技术专业的高职院校

1	抚顺师范高等专科学校
2	湖北生物科技职业学院
3	健雄职业技术学院
4	萍乡高等专科学校
5	天津生物工程职业技术学院

根据2012高职高专专业设置查询平台数据汇总

抚顺师范高等专科学校开办的生物实验技术专业分为检验方向和果蔬加工与检验方向，就业面向为生物技术公司、食品生产企业、果蔬加工与生产企业、产品质量监督及外贸商检部门等单位从事果蔬检测、果蔬加工、实验室检验、生产车间品控、产品营销、食品检验和生物技术推广等工作。

湖北生物科技职业学院的生物实验技术专业面向湖北及周边省区，培养具备生物实验技术专业必需的基础理论知识和基本技能，从事生物实验产品的生产与检测、生物实验技术产品服务、生物实验室管理和实验技术研究开发等工作第一线需要的高技能型人才。

健雄职业技术学院开办的生物实验技术专业依托企业办学，与中美冠科生物技（太仓）有限公司、苏州昭衍新药研究中心等著名的生物医药企业联合办学，为学生毕业后的就业打下良好基础。

萍乡高等专科学校开办的生物实验技术专业以萍乡本地生物、医药、食用菌、园林企业为依托，以发展生物医药产业与培养生物产业专门高级人才为目的。

天津生物工程职业技术学院开办的生物实验技术专业是依据生物产业快速发展，特别是天津滨海新区生物研发及转化基地的大量、快速增加而设立的专业，主要为天津及周边地区生物科研单位、产品转化基地、生产单位等培养研发辅助人员、大型仪器维护和实验室管理等高素质技能型人才。本专业为天津市紧缺人才培养专业。面向全国招生，学制三年。

（二）专业培养目标

生物实验技术专业培养的是拥有良好职业素养和敬业精神，具备生物技术行业所需的基础理论知识和基本技能，具有熟练的基因操作技术、动植物细胞培养技术、微生物发酵技术、蛋白质产品分离技术等的专业实验操作技术人才，并具有良好职业道德，精通实验室管理，熟练掌握现代生物技术和规范的生物实验室管理的高素质技能型人才。

（三）人才培养规格

生物实验技术专业人才培养的规格为：

1. 基本素质

（1）职业道德素质　具有一定的职业道德修养，对本岗工作认真负责、爱岗敬业，按标准操作规程的要求进行实验室管理和操作。态度严谨，实事求是，尊重知识产权。热爱集体，团结协作；节约资源，爱护环境，安全生产。

（2）身体心理素质　身体、心理健康，具备心理健康的基本知识和良好的意志品质，有一定的自我心理调整能力，对胜利和成功有自制力，对挫折和失败有承受力。无传染病和精神病。

（3）政治思想素质　坚持党的基本路线、树立科学的世界观、人生观、价值观、遵纪守法，有良好的道德品质和法制观念，事业心、责任心强。

（4）科学文化素质　有科学的认知理念与认知方法和实事求是勇于实践的工作作风；自强、自立、自爱；有正确的审美观，言谈举止及衣着修饰等符合自己的性别、年龄、职业、身份；有较高的文化修养。

2. 知识要求

（1）基础知识　计算机、英语、语文、信息检索、人文社科等基础知识。

（2）专业基础知识　基础化学（含实验）、生物化学（含实验）、微生物学（含实验）、细胞生物学（含实验）、分子生物学（含实验）、免疫学（含实验）等基本理论和知识。

（3）专业核心知识　发酵技术、细胞培养技术、基因操作技术、蛋白质与酶工程、生物分离与纯化技术、生物检测技术等基本理论和知识。

（4）专业拓展知识　企业质量管理体系、实验室组织与管理、试验设计与统计方法、生物仪器设备操作与维护的理论和知识等。

3. 能力要求

计算机应用能力：能熟练使用相关专业软件，能熟练地在因特网上检索、浏览信息、下载文件收发电子邮件。

外语应用能力：可借助字典阅读英文专业资料及技术说明书；有一定的英语口语表达能力。

语言文字表达能力：能针对不同场合，恰当地使用语言与他人交流；能有效运用信息撰写比较规范的常用应用文。如调查报告、工作计划、研究论文及工作总结等。

信息处理能力：能制定调研计划、拟定调研提纲、规划调研步骤；准确收集相关技术信息，确定应用范围；对获取的相关信息，进行整理、分析和归纳。

自我管理能力：确定符合实际的个人发展方向并制定切实可行的发展规划、安排并有效利用时间完成阶段工作任务和学习计划；不断获得新知识、新技能来适应新的环境。

岗位核心能力：具有熟练的基因操作技术、动植物细胞培养技术、微生物发酵技术、蛋白质产品分离技术等的生物专业实验操作技能和生物实验仪器设备使用与保养技能，以及实验室管理的相关技能。

4. 职业资格证书

本专业实行学历证书与职业资格证书并重的"双证书"制度，强化学生职业能力的培养，依照国家职业分类标准，要求学生获得对其就业有实际帮助的职业资格证书（中级/高级）。学生应至少获得其中一种职业资格证书，方能毕业。具体工种可参见表 2 - 2。

表 2 - 2　部分职业资格证书一览表

序号	职业资格证书名称	等级要求
1	生化产品分离纯化工	中级/高级
2	菌种培育工	中级/高级
3	植物组织培养工	中级/高级
4	药物检验工	中级/高级
5	微生物检定工	中级/高级

本专业在教学过程中应将岗位技能培训与考核的内容融于日常的教学中，第五、六学期分别进行中、高级工的考核。理论知识考试采用闭卷笔试或口试方式，技能操作考核采用现场实际操作方式；顶岗实习报告（论文）采用审评方式。考试成绩均实行百分制，成绩达 60 分为合格。

取得证书方式：由国家劳动部统一颁发。

5. 双带头人制度

为有效解决专业与社会需求对接问题，提高专业建设的自觉性、科学性，生物实验技术专业实行双带头人制度，除配备专职教师担任专业带头人外，另聘请 1 名企业高级工程师担任专业带头人。

本企业专业带头人的职责包括全程参与专业的申报、备案和专业建设和教学改革过程，包括课程体系的构建，课程设置、教材建设以及校内实训基地的建设指导，校外实训基地的建设等。

同时，本专业从与学院结合紧密的行业、企业聘请了生产一线技术和管理人员，承担实践技能课程和一部分选修课程，充实了教学队伍，很好的满足了本专业的教学需要。

二、岗位能力分析与课程体系

1. 岗位能力分析

深入企业一线，与企业专业带头人和专家一起对各岗位群的典型工作任务和核心能力要求进行了总结归纳和整理，并引入行业的技术标准与规范 [《中华人民共和国工人技术等级标准（医药行业）》]，参考了微生物检定工和原料药试验工的技术等级标准，进行了职业岗位（群）典型任务与核心要求的分析。

表 2 - 3 生物实验技术专业能力汇总分析表（工作岗位方向）

工作项目	工作任务	职业能力
1. 生物药研发辅助	1 - 1 器皿的清洗	1 - 1 - 1……1 - 1 - 5
	1 - 2 溶液的配制	1 - 2 - 1……1 - 2 - 10
	1 - 3 培养基的制备	1 - 3 - 1……1 - 3 - 4
	1 - 4 无菌操作	1 - 4 - 1……1 - 4 - 6
	1 - 5 细胞培养	1 - 5 - 1……1 - 5 - 3
	1 - 6 蛋白分离与纯化	1 - 6 - 1……1 - 6 - 8
	1 - 7 分子及细胞学检测	1 - 7 - 1……1 - 7 - 6

续表

工作项目	工作任务	职业能力
2. 生物药品检验	2-1 配制标准溶液	2-1-1……2-1-10
	2-2 物质的容量分析	2-2-1……2-2-5
	2-3 生物产品含量测定	2-1-1……2-1-6
	2-4 生物产品纯度测定	2-1-1……2-1-8
	2-5 生物产品分子量测定	2-1-1……2-1-4
	2-6 生物产品化学分析	2-1-1……2-1-6
	2-7 生物产品序列测定	2-1-1……2-1-5
3. 生物实验仪器保养维护	3-1 各种实验仪器设备的调试	3-1-1……3-1-8
	3-2 运转及故障的发现与排除	3-2-1……3-2-5
	3-3 正确使用各种设备的防火防爆措施	3-3-1……3-3-4
4. 实验室管理	4-1 实验室管理规范、SOP 的撰写	4-1-1……4-1-4
	4-2 保证仪器的正常供给，	4-2-1……4-2-3
	4-3 完成仪器购买申请、送外检修、报废的管理工作	4-3-1……4-3-3
	4-4 实验方案的制定审查和实施	4-4-1……4-4-3
	4-5 指导试验分析和总结	4-5-1……4-5-4

2. 人才培养模式

生物实验技术专业是根据生物产业快速发展，特别是天津滨海新区生物研发及转化基地的大量、快速增加而设立的专业。本专业凭借学院与行业企业深厚的合作关系，与一批有行业影响力的企业紧密合作，校企共建生物实验技术专业，坚持育人为本，德育为先，根据市场人才需求及专业动向，着力把工学结合作为人才培养模式改革的重要切入点，完善"双室交互，学训交替"的"双主体"人才培养模式。

其内涵是实行由校企双方共同组成的理事会领导下的专业负责人制，校企双方各选派高层组成理事会，各派专业负责人共建专业，企业全面参与人才培养的全过程，在人才需求分析、专业设置优化、人才培养方案制定、课程开发、教材编写、教学资源建设、双师结构教学团队和实训基地建设、课程的讲授与实训等教学任务的完成、课程考核、教学质量评价、学生技能

（设计、作品）竞赛、就业指导等，都全程参与并充分发挥各自的优势。在人才培养过程中，学生分阶段在一体化教室（学校）和实验室（企业）两个学习场所交互学习，课程学习和企业校外实训交替轮换进行，将职业素养教育贯穿始终，并在校外实训中充分践行，从而促进学生的职业能力和职业素质不断提升。培养具有生物产品研发实验辅助相关知识和岗位能力的高端技能型专门人才。这种"双主体"的人才培养模式，培养的是一批高技能型人才，解决的是一批企业高技能人才的需求，努力实现专业设置与职业岗位（群）、课程标准与职业标准、教学过程与生产过程、学历证书与职业资格证书、职业教育与终身教育、校园文化与企业文化的有机衔接。

图 2 - 1　"双室交互，学训交替"的"双主体"人才培养模式及路线

3. 课程体系

依据区域经济和企业发展岗位需求以及各校专业特色制定，并结合工作过程分解具体设置课程体系。围绕高素质技能型人才培养目标，综合考虑学生基本素质、职业能力与可持续发展能力培养，参照职业岗位任职要求，引入行业企业技术标准或规范，体现职业岗位群的任职要求、紧贴行业或产业领域的最新发展变化。并将职业素养培养贯穿于教学过程的始终。

表 2-4　课程体系结构表

类型	序号	相关课程	备注
公共基础课程	1	入学教育	参照教育部有关文件执行
	2	英语	
	3	形势与政策	
	4	高等数学	
	5	计算机应用基础	
	6	体育与健康	
	7	思想道德修养与法律基础	
	8	毛泽东思想与中国特色社会主义体系概论	
	9	医药行业职业道德与就业指导	
	10	医药行业社会实践	
	11	医药行业安全规范	
	12	医药行业卫生学基础	
	13	医药行业法律与法规	
专业基础课程	14	无机及分析化学	根据实际情况，一部分课程可在企业完成
	15	有机化学	
	16	生物化学	
	17	现代生物学基础	
	18	实用药物学基础技术	
	19	信息检索	
	20	实验室管理	
	21	实验设计与生物统计	
	22	实验室仪器使用与维护	
专业核心课程	23	细胞培养技术	
	24	基因操作技术	
	25	生物分离检测技术	

续表

类　型	序号	相关课程	备注
选修课程	26	人文艺术欣赏	根据实际情况，一部分课程可在校外实训基地完成
	27	应用文写作	
	28	组织与社会交往	
	29	现代实验动物学技术	
	30	干细胞相关技术	
	31	药物合成技术	
	32	药物安全性评价技术	
	33	细胞检测技术	
	34	药物分析技术	
技能训练课程	35	研发辅助岗位实训	在企业完成
	36	生物产品检验岗位实训	
	37	顶岗实习	

三、学期安排、课程学习与技能提高

1. 学期安排

（1）第1、2学期　完成公共基础模块的教学。基础课程以"必需、够用"为度，以基本技能培养为目的，分为学院公共基础课、行业公共基础课和专业基础课，使学生具备较强学习能力和接受新技术的能力。依托校内外实训基地，通过企业认知实习，为培养学生生物实验技术应用能力打基础。

第一学年的课程主要集中在公共基础模块，分为学院公共基础课程和行业公共基础课程。

学院公共基础课程主要有：大学生心理健康、毛泽东思想和中国特色社会主义理论体系概论、英语、计算机基础、体育、医药行业职业道德与就业指导、医药行业社会实践等课程。学院公共基础课程的设置主要是使学生掌握大学生基本具有的基本能力和职业素养。

行业公共基础课程主要有：医药行业安全规范、医药行业卫生学基础、医药行业法律与法规。通过这些课程的学习，应掌握进入本行业应该具备的基本职业知识、能力和职业素养。

专业基础课程在第 1 学期会开设无机及分析化学，第 2 学期会开设有机化学和现代生物学基础。

（2）第 3、4 学期　完成专业技术模块的学习，采用校内实训与校外实训相结合、校内一体化教室和校外企业实验室相结合、校外实训和校内学做一体分阶段交替进行的方式，完成生物药品的研发实验辅助、生物药品分析检验岗位以及生物仪器设备维护、实验室管理的岗位职业能力的培养。

第二学年的专业技术模块课程分为专业基础课和专业核心课。专业基础课有：生物化学、现代生物学基础、实用药物学基础技术、信息检索、实验室管理、实验设计与生物统计、实验室仪器使用与维护。专业核心课有：细胞培养技术、基因操作技术、生物分离检测技术。

（3）第 5、6 学期　通过综合实训课程的学习，顶岗实习与就业岗位相结合，在对口岗位强化对生物医药研发实验能力的培养，实现专业教学与企业生产融合。教师与学生参与企业研发过程，企业技术骨干参与人才培养过程，学校老师和企业工程技术人员对学生共同指导、管理和考核，将诚信教育、爱岗敬业等职业道德与素质教育融入人才培养过程。

2. 主要课程简介

（1）行业公共基础课

①医药行业安全规范　本课程教学内容包括医药行业防火防爆防毒安全生产管理、医药行业电气安全管理和医药行业职工健康保护三方面的知识。通过本教材的学习，学生可以提高安全生产的意识并具备一定的安全防护和急救技能。

②医药行业卫生学基础　本课程教学内容包括微生物基础知识、药品生产过程中卫生管理知识和要求、药品制造车间的洁净区作业知识以及医药行业常用的消毒灭菌技术。通过本课程的学习，使学生掌握 GMP 对制药卫生的具体要求和基本技能并具备药品生产企业的生产和卫生管理等能力；使学生具备运用消毒和灭菌技术对制药环境、车间、工艺、个人卫生进行管理的能力；培养学生养成遵纪守法、善于与人沟通合作、求实敬业

的良好职业素质。

③医药行业法律与法规 本课程面向全院各专业，采用宽基础，活模块的形式，教学内容包括基础项目和选学项目，通过本课程基础项目的学习使学生了解我国药事管理的体制和基本知识，同时使学生了解我国医药行业的各类法律法规，并重点了解《药品生产质量管理规范（GMP）》，《中药材生产质量管理规范（GAP）》、《药物非临床研究质量管理规范》（GLP）、《药品经营质量管理规范》（GSP）。学生可根据专业需要选择相应的选学项目进行学习，有针对性地对《药品生产质量管理规范（GMP）》、《药物非临床研究质量管理规范》（GLP）、《药品经营质量管理规范》（GSP）进行系统的学习，为从事医药行业的各项药事工作奠定基础。

④医药行业职业道德与就业指导 本课程教学内容包括医药行业企业认知、职业道德基本规范、医药行业职业道德规范及修养、职业生涯规划设计、中外大学生职业生涯规划对比、树立正确的就业观、求职准备、就业有关制度法律等内容。通过认知医药行业企业的特点、强化医药行业职业道德规范的重要性，正确教育和引导学生职业生涯发展的自主意识，树立正确的择业观、就业观，促使大学生理性地规划自身未来，促进学生知识、能力、人格协调发展，达到学会做人、学会做事，把不断实现自身价值，与为国家和社会做出贡献统一起来。

⑤医药行业社会实践 本课程教学内容包括大学生社会实践概论、大学生社会实践类型及组织、大学生社会实践设计、大学生社会实践的常识和方法、大学生社会实践常用之书五个项目，为突出学生实践技能的培养与锻炼，每个项目都安排了实际演练题目，使大学生不仅掌握实践理论知识，更懂得如何将理论付诸实践。

大学生参加社会实践活动能够促进他们对社会的了解，提高自身对经济和社会发展现状的认识，实现书本知识和实践知识的更好结合，帮助其树立正确的世界观、人生观和价值观。也对未来能在所任职的岗位上发挥青年才智具有重大推动作用。为此在学生未正式走上工作岗位之前，对学生进行社会实践教育是非常重要的。

（2）专业课

①基因操作技术 本课程要求学生熟练掌握基因工程"核心技术"——基因操作实验技术的原理和操作，能够胜任包括 DNA 提取、DNA 电泳和 PCR 技术等的典型工作任务。

主要内容有基因操作技术的基本理论、基本操作和实际应用及学科的最新进展，包括基因与基因组、基因的单元操作、核酸操作技术、基因扩增技术、电泳技术、DNA 体外重组技术、基因前沿技术等。

②生物分离检测技术 本课程旨在要求学生了解从生物产品的分离与纯化所需要的一系列单元操作原理，熟练掌握其中涉及到的一系列单元操作技术。

本课程的基本内容以生物物质的基本制备过程为主线，阐述了离心、色谱、膜分离和浓缩干燥等分离纯化技术的基本原理，在结合生产实践的基础上详述了技术的应用以及相关设备的使用，并介绍了有关新知识、新技术、新方法和新工艺。同时包括生物分离与纯化技术的实训内容。其中单元操作实验主要是对学生进行各项分离纯化技术的单项训练，在此基础上，设计了综合实训内容，使学生进一步加深对理论知识的理解和对行业的了解，为从事生物产品的分离纯化工作打下良好的基础。

③细胞培养技术 本课程主要介绍了动物细胞培养的概念、发展史和应用，动物细胞培养实验室的设置、设备和器具，动物细胞培养的准备工作，动物细胞原代培养、传代培养、培养细胞的观察和检测，动物细胞冷冻、复苏和运输，动物细胞大规模培养，特殊动物细胞培养，与动物细胞培养相关的部分实验技术。植物细胞培养的概念、发展史和应用，植物细胞培养的实验室条件、营养条件和环境条件，植物细胞的悬浮培养、固定化培养、单细胞培养和原生质体培养，植物细胞大规模培养。

④实验室仪器设备使用与维护 通过本课程学习，使学生熟练掌握生物学实验常用仪器设备的操作程序、样品准备、维护保养技术等。本课程以实验基本技术作为主线，包括显微设备、称量移取设备、离心设备、粉碎搅拌混合设备、浓缩干燥设备、色谱设备、光谱设备、凯氏定氮设备、电泳设备、凝胶成像及分析设备、核酸扩增分析及转移设备、生物切片设

备、灭菌洁净及洗涤设备、培养设备、生理数据采集分析设备、微生物鉴定设备、其他常用设备。本课程内容涉及微生物学、遗传学、细胞生物学、生物化学、免疫学、分子生物学等实验相关的仪器设备，系统介绍了生物学实验常用大型仪器设备的使用、维护及相关技术。

⑤生物化学　本课程是研究生物体的基本物质（如糖类、脂类、蛋白质、核酸等）的结构、性质及其生命活动（如生长、生殖、代谢、运动等）过程中的变化规律。通过对本课程学习，要求学生掌握生物化学的基本原理，掌握生化分析的一般方法，为进一步学习有关专业课程奠定生物化学知识基础。

⑥生物医学信息检索　本课程内容包括生物医学信息检索的基本理论和知识、中外文生物医学检索的主要工具，Internet 网络信息资源的基础知识，网上免费及常用生物医学数据库的使用，网络出版物的使用和检索，特种文献检索，通过学习学生将学会文献查询的一般步骤和方法，会根据课题要求，进行文献取舍，会索取原始文献。

⑦实验室生物安全　本课程着重讲述病原微生物实验室生物安全及突发公共卫生事件的防制和生物菌控，整体内容上具有系统性、先进性和实用性。

⑧生物统计技术　本课程采用由浅入深、循序渐进的总体思想，突出体现了实践内容与理论知识的有机结合，重在加强对学生实践技能的训练和培养。主要包括绪论、数据资料的整理、数据资料的基本特征数、概率及其分布、两均数差异显著性检验——t 检验、方差分析、χ 检验、直线回归与相关、协方差分析、试验设计。

⑨生物医药研发辅助岗前实训　通过本课程的学习，使学生尽快适应岗位及提高就业竞争力，缩短企业岗前培训的时间；主要内容是生物医药企业录用新员工后的通用培训。包括：药品管理法及实施办法等法规知识（结合药品质量事件事例）、产品质量法相关知识、GMP 规范相关知识、制药卫生知识（包括物料、人员、地漏清洁，空气净化、工业用水制备等）、安全消防知识、制药工艺知识、生物医药企业规章制度、岗位标准操作规程/设备规程（SOP）、生产/检验记录等。学生通过实践

实习，直接参加劳动，巩固、总结、丰富所学专业知识，使理论联系实际，培养学生独立开展调查研究，综合利用所学的知识分析、解决实践中的某些实际问题。本课程选择有代表性的生物相关实验室进行实训，具体安排视情况而定。

⑩顶岗实习　通过到企业顶岗实习，进一步巩固所学各门课程的基础知识和基本技能，培养学生综合运用理论知识和实践技能的能力，掌握基因操作技术、细胞培养技术和发酵过程控制技术，使学生在实习期内就能完成理论与实践相结合，缩短就业后参加工作的磨合期，实习完成后，在指导教师指导下完成毕业论文（设计）并通过论文答辩。

3. 学习方法

生命科学是一个飞速发展的科学领域，也是建立在实验基础之上的科学领域。要想取得理想的学习效果，必须掌握科学的、高效的学习方法。

（1）加强基础知识的学习，基础理论是掌握实验技术的前提。生物技术基础理论采用的学习方法很多，简单介绍几种：

①分析和综合的方法　分析与综合是基本的思维过程，通过分析与综合，帮助形成生物学概念。所谓分析，就是在思考的过程中把对象的整体分解为不同的部分，把事物的个别特征或属性分析出来。所谓综合，就是在思考过程中把认识对象的各个部分联合成一个整体，或把事物的各个特征、属性联系起来。分析和综合是生物学学习中经常使用的重要方法，两者密切联系，不可分割。在实际运用时，既可以先分析后综合，也可以先综合后分析，还可以边分析边综合。先后顺序可相互变换。究竟采取哪一种方式，可根据教科书的结构、教学内容的特点而灵活运用。分析和综合是相互依赖和相互对立的两个方面。分析的目的是为了综合，综合必须以分析为基础。

②比较和分类的方法　比较就是把有关的知识加以对比，以确定它们之间的相同点和不同点的思维方法。比较一般遵循两条途径进行：一是寻找知识之间的相同之处，即异中求同；二是在寻找出了事物之间相同之处的基础上找出不同之处，即同中求异。

分类是按照一定的标准，把知识进行分门别类的思维方法。是指在比较的基础上，根据事物之间的共同点和差异点，将事物区别为不同种类或不同等级系统的一种逻辑方法。根据共同点将事物归合为较大的类；根据差异点将事物划分为较小的类。因此特性则是划分事物的根据，共性则是归合事物的依据。生物学学习中可以采用科学分类法和实用分类法，前者是从科学性出发，按照生物的本质特性进行归类；后者是从实用性出发，按生物的非本质属性进行归类。

③系统化和具体化的方法　系统化就是把各种有关的知识纳入一定顺序或体系的思维方法。系统化不单纯是知识的分门别类，而且是把知识加以系统整理，使其构成一个比较完整的体系。

系统化就是在概括的基础上，把整体的各个部分归入某种顺序，在这个顺序中，各个组成部分彼此发生一定联系和关系，构成一个统一的整体的思维方法。而具体化是把概括的知识用于具体的、个别的场合的思维方法。系统化是概括的高级阶段，具体化是抽象的相反过程。在生物学学习过程中，经常采用编写提纲、列出表解、绘制图表等方法，把学过的知识加以系统的整理。例如，将学习过的材料（一章或一节内容）进行知识小结，将分散的各章节的某重要知识或某个方法或某类实验进行系统整理，这些都是系统化的方法。系统化的知识易于理解，也易于巩固。

具体化是把理论知识用于具体、个别场合的思维方法。具体化使一般的、抽象的东西和直观的、感性的或熟悉的东西联系起来，从而变得易于理解。在学习一般原理、原则时举出具体的例子，即用具体事例来说明理论知识，就是一种具体化的过程。此外，具体化也是把理论知识应用于实际的具体方法，即运用某种公式、规律，去解决某些问题，或解释某些现象。在生物学学习中，适用具体化的方法有两种：一是用所学知识应用于生活和生产实践、分析和解释一些生命现象；二是用一些生活中的具体事例来说明生物学理论知识。

④抽象和概括的方法　抽象是抽取知识的非本质属性或本质属性的一种思维方法，是指把事物的本质方面和主要方面抽象出来，去掉非本质和非主要部分，形成抽象概念；抽象可以有两种水平层次的抽象：一是非本质属性的抽象；二是本质属性的抽象。

概括是将有关知识的非本质属性或本质属性联系起来的一种思维方法，在抽象的基础上进行概括，把抽象出来的事物属性推广到具有相同属性的事物上，形成关于这类事物的普遍的理想化模型和理想化过程。

抽象和概括也是互为前提的，相辅相成的在学习过程中应有意识地抽象中加以概括，概括中加以抽象，以达到对知识正确、深入的掌握。

⑤联想和派生的方法　联想是指即根据教材内容，巧妙地利用联想帮助记忆。可以理论联系实际，理论联系生产。

派生是以某一重要的知识点为核心，通过思维的发散过程，把与之有关的其他知识尽可能多地建立起联系。这种方法多用于章节知识的总结或复习，也可用于将分散在各章节中的相关知识联系在一起。

（2）注重实践操作，加强操作的规范性　生物学是建立在实验基础上的科学，实验是生物学的一个基本特征。生物实验技术专业更是注重实验操作的一个专业。要想在本专业上有所建树，就必须有熟练和规范的实验操作技能。这样就要求同学们在今后的学习中不仅要重视每次的实验实训机会，多观察、多思考、多提问、多动手操作；而且要珍视每次到企业实习的经历，感受真实的工作环境，在做中学，在学中做，不断提高自己的专业技术水平和专业技能。通过实验，不仅能够帮助同学们加深基本理论知识的理解和掌握，而且能培养观察、思维能力、动手操作能力和创造能力。

另外，生物实验操作的规范性也是要重点注意的问题。生物实验往往都是规范化操作，加强操作的规范性有助于同学们知识的掌握和能力、情感态度与价值观的培养，有助于提高学习效率和实验安全。要做到规范的操作，首先要提前预习，将实验步骤由繁化简，再抓住每一步的关键，并在每个实验步骤中规范操作，这样才可以收到好的实验效果；其次，注意听老师讲如何做实验，看老师示范的过程；最后，要注意实验过程的观察与分析，认真进行试验记录，总结和反思自己的实验操作过程和结果，并进行讨论。

（3）养成良好的自我学习、自我提升的能力　大学学习不同于中学阶段的学习，是一个自我学习、自我管理的过程。光听老师上课讲以及学习书本上的内容是远远不够的。要注意广泛涉猎专业知识，阅读专业书籍。这里有一些方法值得借鉴：

首先，要培养兴趣。兴趣是最好的老师和学习的动力。有了兴趣，学习专业知识就会轻松很多。兴趣的培养可以多看科技史方面的书籍，由浅入深的阅读专业方面的书籍。另外，要注意一点，在大学里，书本只是学习课程的一本参考书而已，掌握书本上的知识对于专业技能的提升是远远不够的，要多看经典的专业书籍。

其次，要勤做笔记，善做笔记。这里的笔记不仅指的是课堂笔记，还指阅读笔记。记课堂笔记是集中注意力的最有效办法。在记笔记的过程中，要多听、多想、多思考，而不是将老师原话都记下来，而是要学会有重点的记，在书上做好批注。阅读笔记是一种阅读课外专业书籍时需要做的笔记。记阅读笔记最大的好处就是能将所得所想都体现在笔记中，加深印象，进一步为拓展思维打下良好的基础。

再次，要善于进行自我时间管理。比如，准备一个本子，将每天要做的事情列在上面；将要阅读的书籍列在上面，做到有计划，才会将来有实施；将平时所感所想记在上面，以备将来总结之用。总之，时间管理要求同学们目标具体且有计划性，抓住零散时间做好每一件事。

知识链接

大学生应该怎样学习

中国教育科学研究院   王春春

大学生的主要任务之一就是掌握扎实的专业知识，现代社会的一个重要特征就是各种信息浩如烟海，知识更新速度可谓日新月异，大学生如果不主动学习，不懂得鉴别，也不善于更新知识，则很快会被时代淘汰；而要想在有限的大学四年里掌握所有的学科专业知识，则既不现实，也不可能。因此，大学生尤其需要利用宝贵的大学时光，有方法、有选择、有鉴别地、有系统地汲取知识，并将知识内化为能力和素质，为日后的可持续发展奠定坚实的基础。

大学和中学的教育性质本来就有很大不同，因此，必须根据大学的教育规律来选择合适的学习方法。上中学时，老师会不断重复每一课的关键内容，但进入大学后，更多的却是"师傅引进门，修行在个人"，也就是说，课堂教学往往是提纲挈领式的，老师只是"引路人"，在课堂上只讲难点、疑点、重点或者是其最有心得的一部分，大学生惟有主动走在老师的前面，自主地学习、思考、探索和实践，培养和提高自学能力，才能在课堂上获得最大的收获。这难免意味着大学生的课外学习任务更重，但是，大学生的学习能力也正是在这个过程中得到提高的。

与高中时代单纯的学习时光相比，大学生活更加丰富多彩，大学生不仅要学习，还要参加各种实践活动，用于学习的时间和精力确实相对有限，但与此同时，大学生可以自己支配的时间也更多了，因此，科学的安排好时间对成就学业非常重要。吴晗在《学习集》中说："掌握所有空闲的时间加以妥善利用，一天即使学习一小时，一年就积累365小时，积零为整，时间就被征服了。想成事业，必须珍惜时间。"华罗庚也曾说"时间是由分秒积成的，善于利用零星时间的人，才会做出更大的成绩来"。

学过的知识的确会随着时光的流逝而被遗忘，但是，如果能够将知识消化、吸收，并内化成为自己的能力和素质，那么知识的恒久价值便会体现出来。微软公司曾做过一个统计：在每一名微软员工所掌握的知识内容里，只有大约10%是员工在过去的学习和工作中积累得到的，其他知识都是在加入微软后重新学习的。由此可见自学能力对个人持续发展的重要性，但这并不是说学校学习的知识不重要，恰恰相反，这种自学能力是通过学校学习获得。因此，大学生不仅要学习知识，还要下苦功学习，要学会举一反三；不仅要善于向他人学习，更要学会自学，学会无师自通。

"宝剑锋从磨砺出，梅花香自苦寒来"。打基础是需要下工夫的，要相信：今天的努力是不会白费的。

（摘自中国高职高专教育网）

测一测

时间管理能力测试

时间对每一个人来说，都是有限的。只有善于管理时间的人，才能让有限的时间发挥最大的效益。事实上，任何一个成功者，都是时间管理的高手。接下来我们进行一下小测试，看看你的时间管理能力如何。

1. 每天都留出一点时间，以供做计划和思考工作如何开展。

2. 做有书面的明确的远期、中期、近期计划，并经常检查计划执行情况。

3. 热爱所做的工作，并保持积极的心态。

4. 把每天要办的事情按重要程度排序，并尽量先完成重要的。

5. 在一天工作开始前，已经计划好当天的工作次序，并经常检查计划执行情况。

6. 用工作成绩和效果来评价自己，而不单纯以工作量来评价自己。

7. 把工作的注意力集中在目标上，而不是集中在过程上。

8. 每天都在向人生的中期、远期目标迈进。

9. 习惯以小时工资来计算自己的时间，浪费时间会后悔。

10. 合理利用上下学途中的时间。

11. 留出足够的时间，以便处理危机和意外事件。

12. 在获得关键性资料后马上进行决策。

13. 将挑战性工作和例外性工作都授权他人处理。

14. 注意午饭的食量，避免下午打瞌睡。

15. 采取某些措施以减少无用资料和刊物占有你的时间。

16. 有效地利用下级协助，使自己获得充裕的时间，同时避免浪费他人时间。

17. 你认为时间很宝贵，所以从不在对失败的懊悔和气馁上浪费时间。

18. 尽可能早地终止那些毫无收益的活动。

19. 随身携带一些书籍和空白卡片，以便在排队等待时间里随时阅读或记录心得。

20. 养成了凡事马上行动，立即做的习惯。

21. 尽量对每一种工作只做一次处理。

22. 善于应用节约时间的各种工具。

23. 当天工作结束时，总要检查一下哪些工作没有按原计划进行，并分析原因，寻找补救方法。

24. 将重要的工作安排在你工作效能最佳的时间做。

25. 定期检查自己的时间支配方式，以确定有无各种时间浪费的情形。

评价

以上各题，回答"是"得1分，回答"否"得0分。

如果总得分在21~25分之间，说明你的时间管理能力很强。

如果总得分在16~20分之间，说明你的时间管理能力一般，有待进一步提高。

如果总得分在15分以下，说明你时间管理能力很弱，有待大力提升。

（摘自 http://www.xgedu.cn/news/2011108/n521829920.html）

4. 成绩评价

生物实验技术专业的成绩评价有别于传统的考试考查方法，采用阶段评价、目标评价、项目评价、理论与实践一体化评价模式。注重过程评价，弱化评价的选拔性、鉴别性，强化评价的引导性、激励性，充分调动学生学习的积极性，主动性，强化学生终身学习的理念，促进学生的可持续发展。

实现评价主体多元化，学生、教师、企业人员等共同参与学生的评价，促进学生个性发展。可采用课堂提问、学生作业、平时测验、实验实训、技能竞赛及考试情况，综合评价学生成绩。

打破一考定学生优劣的评价方式，按照高职学生的认知特点，根据学科特性，采用多样化的评价方式，培养和提高学生的创新精神，使学生在成长过程中不断体验进步与成功，使他们的潜在优势得到充分发挥，最终实现学生全面发展。

工学结合，校企合作，将企业岗位职业技能的要求和考核评价方式，纳入职业技能课程学生评价体系，对学生的职业意识、职业素质、职业技能进行全面评价，提高学生的职业适应能力，为企业选材、用材打下良好的基础。

在教学过程中将岗位技能培训与考核的内容融于日常的教学中，第五、六学期分别进行中、高级工的考核。理论知识考试采用闭卷笔试或口试方式，技能操作考核采用现场实际操作方式；论文（报告）采用专家审评方式考试成绩均实行百分制，成绩达 60 分为合格。

四、推荐专业入门书籍及资源

1.《DNA 科学导论》

本书是冷泉港实验室出版社出版的《DNA Science：A First Course》第二版的中文翻译版，介绍了学科发展中的重要人物和他们做的一些重要实验，深入浅出阐释实验技术，展示了现今研究的最前沿，让读者深入了解当今的实验技术。主要内容包括：遗传学的基本原理，DNA 的结构和功能，基因调控；小规模及大规模的 BNA 分析技术，研究单基因的现代技术，全基因组分析的现代方法；癌症的 DNA 科学原理，DNA 科学在人类遗传和进化中的应用，人类物种形成问题等等。本书所包含的思想和技术是 DNA 实验操作中必需的、最基本的思想和技术，借助本书能正确地预见和阐释在未来很多年里科学发展的主流趋势。本书也是初次探索生命分子的人手中一张简单的地图。

2.《师从天才》

《师从天才：一个科学王朝的崛起》作者罗伯特．卡尼格尔在书中把我们带进了一个充满智慧、趣味、竞争和创新的奇妙的科研王朝，展现了一个由美国国立卫生研究院（NIH）和约翰斯．霍普金斯大学的著名科学家群体构筑的世界，他们通过半个多世纪来在生物医学科学领域内的突破性贡献，赢得了拉斯克奖及诺贝尔奖。

3.《微生物学》

沈萍主编的《微生物学》第二版是一本微生物方面的经典教材，尤其第二版注重与国际先进教材接轨，反映微生物学科发展的最新水平，突出教材的新颖性和启发性和实践性。本书也是国内很多院校生物专业的微生物学教材。与之配套的《微生物学实验》更是一本经典的实验教材,详细且系统的介绍了微生物学各项基础实验技术。非常适合生物实验技术专业的学生参考阅读。

4.《生物化学》

国内外的生物化学教材很多。比较经典的有:

(1)《生物化学原理》,作者:David L. Nelson

(2)《生物化学》,作者:Stryer,L.

(3)《生物化学》第三版,作者:王镜岩

总体来讲,国外的教材插图多,生动形象,深入浅出,在内容编排上,强调生物大分子的系统性与联系。而国内教材基本上分为静态和动态两个部分,强调基本概念的层层递进。总之,各有千秋,而对于初学者来说,任何一本教材都是一个不错的选择。

5.《基因》

中文版已经出到第八版,英文版也有了第九版。这是一本非常经典的分子生物学、分子遗传学及相关课程的参考书,是从事生物遗传学、生物化学、细胞生物学、基础医学等专业人员进行科学研究的重要书籍。

该书在此领域有着毋庸置疑的权威性,本书第八版对第七版内容进行了全面的修订,加入了最新的人类基因组内容。提供了完备的网络资源:www. ergito. com－－－Includes a complete E－book with flash illustrations;随时升级,保证紧贴发展前沿;丰富的资源(Flash Illustrations/ Multiple Views/ Hyperlinks),提供全方位教学支持。

6.《分子克隆实验指南》

《分子克隆实验指南》的前两版以其无可匹敌的声誉,在近20年的时间里一直被作为分子生物学实验的经典参考书。在第三版中,作者对图书内容进行了完全的升级,修订了实验的每条方案,增加了大量新的材料,拓宽了它涉及的领域,内容丰富而详细,使其具有用于学习遗传学、分子细胞生物学、发育生物学、微生物学、神经科学和免疫学等科学的重要指导和参考价值。《分子克隆实验指南第三版(上、下册)》具有先进性、实用性、权威性的特点，是生命科学实验室内当之无愧的"红宝书"。

7.《精编蛋白质科学实验指南》

本书是《精编》（Short Protocols）系列的又一个重要分册，是《最新蛋白质科学实验指南》（Current Protocols in Protein Science，CPPS）的精编版本，内容全部取材于该系列和每季度更新的内容，其详细提供了多种实验方案，并包含实验材料、步骤和每种技术的参考文献等信息。

本书用大量篇幅介绍了蛋白质制备、检测和分析的传统方法，如蛋白质的提取、表达、纯化和定性分析等，并对最常用的技术，如层析和电泳，进行了详细介绍。蛋白质蛋白质相互作用是蛋白质科学研究的一个热点，本书用两章的篇幅对其鉴定和定量分析的方法进行了介绍；蛋白质组学是蛋白质科学的另一个热点，本书对其方法学和具体操作亦有详细的介绍。此外，生物信息学在现代蛋白质科学研究中发挥着越来越重要的作用，本书对常用的生物信息学分析方法进行了概括，通过生物信息学分析，可以了解蛋白质的基本特性，对研究方案的设计和实验数据的分析处理都具有重要的指导意义。

本书包括了蛋白质科学研究所需的几乎所有的常用技术和最新方法，代表了蛋白质科学研究的当前水平，是一本很好的实验用书。

8. 生物秀网站——生物医药门户网站

生物秀创建于2003年，是目前国内内容最专业、系统最完善和技术最先进的生物医药门户网站。旗下的中国生命科学论坛目前有近100个版块，基本涵盖了生命科学的所有专业及交叉学科，是生物专业相关人员进行学术交流、问题探讨和互帮互助的最专业的学术论坛之一，在行业内具有很高的知名度和影响力。

9. 丁香园网站——医学药学生命科学专业网站

丁香园是中国最大的面向医生、医疗机构、医药从业者以及生命科学领域人士的专业性社会化网络，提供医学、医疗、药学、生命科学等相关领域的交流平台、专业知识、专业技能。其中的丁香园论坛含100多个医药生物专业栏目，采取互动式交流，提供实验技术讨论、专业知识交流、文献检索服务。尤其其中的实验技术板块，包罗了生命科学专业各个方向的技术技能，具有很高的参考价值。

任务一 认识毕业后的升学、就业道路

一、实训室安全要求

1. 实训室消防安全检查制度

为加强实训室的管理，做好实训室消防安全工作，特制定本制度。

（1）在学院消防安全主管部门的指导下，实训室消防安全管理工作由实训中心主管部门负责，实训技术人员具体实施。

（2）加强消防宣传教育工作，提高全院师生的消防意识。各实训室要对存在的消防安全问题及时提出整改意见，做到预防为主，消除隐患。

（3）实训室要配备必要的消防设施，消防主管部门要定期检查实训室的各种消防设施，定期更换灭火器内容物，确保其处于完好可用状态。

（4）各实训室的消防设备和灭火工具，要有专人管理；实训室管理及教学人员要掌握消防设施的使用。

（5）不准破坏、挪用消防器材，违者追究其责任。

（6）实训室要做好防火、防爆、防盗工作；下班时要切断电源、气源，清除工作场地的可燃物，关好门窗。

（7）危险化学药品（易燃、易爆、麻醉、剧毒、强氧化剂、强还原剂、强腐蚀）要有专人管理，并严格遵守相关管理制度。

（8）各实训室新增用火、用电装置，要先报后勤管理处、保卫科，并经论证符合安全要求和批准后，方可增用。

（9）各实训室安装、修理电气设备须由电工人员进行；禁止使用不合格的保险装置及电线。

（10）实训室技术人员每周一次对实训室进行全面安全检查，并做好检查记录，发现情况应及时采取措施并上报有关部门。学院消防安全主管

部门及实训室行政管理部门不定期对实训室进行安全检查。

（11）对违反消防安全规定和技术防范措施而造成火灾等安全事故的有关责任人，要视情节轻重给予处罚，触犯法律的，由司法机关依法追究其刑事责任。

2. 学生进出实验实训场所行为规范

凡进入实训场所参加实训的学生必须严格遵守以下流程：

（1）学生在进入实训场所之前不准在校园内的其他场所穿着实训服装。

（2）学生应携带实训服装进入实训场所，须在指定区域更换服装。

（3）学生更换实训服装后，将个人物品叠放整齐，放置在实训场所内的指定区域，整装后开始实践教学。

（4）实践教学结束后，在指定区域内更换实训服装，将实训服装叠整齐，整装后携带个人物品离开实训场所，不得穿着实训服装走出实训场所。

（5）实训结束后，要安排值日生做好实训室清洁卫生工作，实训仪器等物品要整理好，洗刷干净，按要求摆放整齐并请指导教师检查清点认可后方可离开。离开实训室前要切断电源、气源、熄灭余火，关好水龙头，锁好门窗。

3. 生物实验室的废物处理

任何人进入生物实验室时，必须要严格遵照实验室的安全条例，而且有熟悉这些条例的人在旁监督，否则将造成严重后果。

废弃物是指将要丢弃的所有物品。在实验室内，废弃物最终的处理方式与其污染被清除的情况紧密相关。废弃物处理的首要原则是所有感染性材料必须在实验室内清除污染、高压灭菌或焚烧。

值得注意的是，实验室废弃物不可随意丢弃，必须进行分类，及时处理。实验室必须备有相应处理设施和工具。

（1）固体废弃物处理

①实验室废弃试剂瓶如乙醇、乙酸等无毒无害试剂瓶可用自来水冲洗干净后废弃，由垃圾处理人员统一处理。

②其他试剂瓶用自来水冲洗干净后废弃，由垃圾处理人员统一处理。其他玻璃废弃物如吸管，三角瓶，试管等若残留化学试剂也须冲洗干净后丢弃。

（2）废液的处理

1）废液处理的注意事项

①及时处理：因一些含有害物质的废液只有检验员自己才清楚里面含什么成分，需亲自动手及时处理。

②首行采用物理分离法。将沾附有有害物质的滤纸、称量纸、等杂物清理出来，并用自来水冲净沾有的有害物质于废液中。

③充分了解废液的主要性质，进行处理时注意防止可能产生的发热、有毒气体、喷溅及爆炸等危险有所准备。

④尽量选用无害或易于处理的药品，防止二次污染。如用漂白粉处理含氰废水，用生石灰处理某些酸液等，还应尽量采用"以废治废"的方法，如利用废酸液处理废碱液。

⑤要选择没有破损及不会被废液腐蚀的容器进行收集。将所收集的废液的成分及含量，贴上明显的标签，并置于安全的地点保存。特别是毒性大的废液，尤其要十分注意。

⑥对硫醇、胺等会发出臭味的废液和会发生氰、磷化氢等有毒气体的废液，以及易燃性大的二硫化碳、乙醚之类废液，要把它加以适当的处理，防止泄漏，并应尽快进行处理。

⑦含有过氧化物、硝化甘油之类爆炸性物质的废液，要谨慎地操作，并应尽快处理。

⑧一些废液不可相互混合，如：过氧化物与有机物；氰化物、硫化物、次氯酸盐与酸；盐酸、氢氟酸等挥发性酸与不挥发性酸；浓硫酸、磺酸、羟基酸、聚磷酸等酸类与其他的酸；铵盐、挥发性胺与碱。

2）无机废液的处理

①对含汞废液，因其毒性大，经微生物等的作用后，会变成毒性更大的有机汞。因此，处理时必须做到充分安全，可用硫化物共沉淀法、活性炭吸附法或离子交换树脂法处理。

②对含有重金属的废液，要用氢氧化物共沉淀法或硫化物共沉淀法把重金属离子转变成难溶于水的氢氧化物或硫化物等的盐类，然后进行共沉淀而除去。

③对含氧化剂、还原剂的废液，原则上应将含氧化剂、还原剂的废液分别收集，但当把它们混合没有危险性时，也可以把它们收集在一起。

④对酸、碱、盐类废液，原则上应将其分别收集。但如果没有妨碍，可将其互相中和，或用其处理其他的废液。对其稀溶液，用大量水把它稀释到1%以下的浓度后，即可排放。

3）有机溶剂废液的处理

①对于乙醇及醋酸之类有机溶剂，能被细菌作用而易于分解。故对这类溶剂的稀溶液，经用大量水稀释后，即可排放。

②对于乙醚等醚类或其他易燃不溶于水的有机溶剂若未富集重金属等有害物质故可用燃烧法进行处理。若实验中动植油较多的废液也可采用燃烧法处理。

③每次实验后及时处理，将把它装入铁制或瓷制容器，选择室外安全的地方把它燃烧。点火时，取一长棒，在其一端扎上沾有油类的破布，或用木片等东西，站在上风方向进行点火燃烧。并且，必须监视至烧完为止。

4）常见废液废物处理方法

①无机酸类　废无机酸先收集于陶瓷或塑料桶中，然后用碳酸钠或氢氧化钙的水溶液中和，或用废碱中和至 pH 6.5~7.5，中和后用大量水冲稀排放。

②氢氧化钠、氨水　用稀废酸中和至 pH 6.5~7.5 后，再用大量水冲稀排放。

③含砷废液　加入氧化钙，调节并控制 pH 为8，生成砷酸钙和亚砷酸钙。也可将废液调 pH 至 10 以上，然后加入适量的硫化钠，与砷反应生成难溶、低毒的硫化物沉淀。

④含铬废液　铬酸洗液如失效变绿，可浓缩冷却后加高锰酸钾粉末氧化，用砂芯漏斗滤去二氧化锰沉淀后再用。失效的废铬酸洗液或其他含铬

废液可用废铁屑还原残留的六价铬为三价铬，再用废碱液或石灰中和使生成低毒的氢氧化铬沉淀。

⑤金属汞 若实验室中有金属汞散失，必须立即用滴管、毛笔或在硝酸汞的酸性溶液中浸过的薄铜片收集起来用水覆盖。散落过汞的地面应撒上硫磺粉或喷上20%的三氯化铁水溶液，干后再清扫干净。

⑥含汞废液 含汞盐的废液可先调节 pH 8～10，再加入过量硫化钠使生成硫化汞，然后加入硫酸亚铁，生成的硫化铁能吸附悬浮于水中的硫化汞微粒进行共沉淀，清液可排放弃去。

⑦含铅、镉等重金属废液 用消石灰将废液调 pH 至 8～10，使废液中的铅、镉等重金属离子生成金属氢氧化物沉淀。

⑧含氰废液 把含氰废液倒入废酸缸中是极其危险的，氰化物遇酸产生极毒的氰化氢气体，瞬时可使人丧命。含氰废液应先加入氢氧化钠使 pH 为 10 以上，再加入过量的 3% $KMnO_4$ 溶液，使 CN^- 被氧化分解。若 CN^- 含量过高，可以加入过量的次氯酸钙和氢氧化钠溶液进行破坏。另外，氰化物在碱性介质中与亚铁盐作用可生成亚铁氰酸盐而被破坏。

⑨含氟废液 加入石灰使生成氟化钙沉淀废渣的形式处理。

⑩含酚废液 含酚废液可加入次氯酸钠或漂白粉使酚氧化成无毒化合物。

对最终不可排放的固、液体废弃物由各检测人员收集到固定地点存放，送交有处理资质的处理公司处理。

4. 微生物实验室废弃物的处理

实验室在进行生物实验过程中产生的大量高浓度含有害微生物的培养液、培养基，未经适当的灭菌处理而直接外排，而且许多实验室的下水道与附近居民的下水道相通，污染物通过下水道形成交叉污染，最后流入河中或者渗入地下，时间长了将造成不可估量的危害。

生物废弃物有实验器材、细菌培养基和细菌阳性标本等。生物实验室的通风设备设计不完善或实验过程个人安全保护漏洞，会使生物细菌毒素扩散传播，带来污染，甚至带来严重不良后果。2003 年非典流行肆虐后，许多生物实验室加强对 SARS 病毒的研究，之后报道的非典感染者，多是科研工作者在实验室研究时被感染的。

（1）锐器　皮下注射针头用后不可再重复使用，包括不能从注射器上取下、回套针头护套、截断等，应将其完整地置于专用一次性锐器盒中。盛放锐器的一次性容器绝对不能丢弃于生活垃圾中。

（2）高压灭菌后重复使用的污染（有潜在感染性）材料　任何高压灭菌后重复使用的污染（有潜在感染性）材料不应事先清洗，任何必要的清洗、修复必须在高压灭菌或消毒后进行。

（3）废弃的污染（有潜在感染性）材料　除了锐器按上面的方法进行处理以外，所有其他污染（有潜在感染性）材料在丢弃前均需消毒。消毒方法首选高压蒸汽灭菌，其次为 2000mg/L 有效氯消毒液浸泡消毒。

知识链接

三起严重的实验室 SARS 病毒感染事件

1. 新加坡的实验室 SARS 感染事件

2003 年 9 月新加坡国立大学研究生在环境卫生研究院实验室中感染 SARS 病毒。该研究生是因发热到新加坡中心医院就诊时被确以为 SARS 感染者的，此前已经与多人有过接触。

新加坡环境部长林瑞生以为，有三个原因导致了感染事件的发生。第一，新加坡只有中心医院、国防科技研究院和环境卫生研究院设有 P3 实验室。但是环境卫生研究院实验室题目严重，很多地方没有符合 P3 安全标准，其病毒样本储存系统、消毒措施、进出实验室的保安系统等，都有待改善。应该说环境卫生研究院只具有 P2 的生物安全设备，却在院内设立了用来进行更具危险性病毒研究的实验室。第二，研究院同一时间处理多种不同的活性病毒研究，增加了生物安全方面的复杂程度，因处理程序不当，冠状病毒与这名研究生研究的西尼罗病毒交叉感染。第三，其他研究机构的科研职员也可利用研究院的设备，而每一个科研职员的安全意识都不同。

在新加坡国家环境卫生学院实验室感染非典病毒之后，新加坡已决定暂时封闭这个实验室，并销毁它库存的所有病毒样本。同时，新加坡副总理陈庆炎博士将负责主持制定一套全国性立法架构，确保实验室都符合国际生物安全标准。

2. 中国台湾地区的实验室感染事件

2003 年 12 月一名台湾的 SARS 研究职员在实验室感染 SARS 病毒。台湾这名感染非典的詹姓研究职员工作的台湾"国防预防医学研究所"属台湾军方研究单位，位于台北县三峡，设立在岩穴中，以两层阻尽设施与外界隔离。这所实验室拥有全台最顶尖的实验设备，实验室等级列为 P4，是台湾唯一的"第四级生物安全实验室"，超过"卫生署疾病管制局"及"台大医院"等 P3 等级的实验室，被誉为台湾生化资源重镇。在亚洲仅有日本拥有同等级的生物实验室，目前，全球也只有 8 个 P4 实验室在运行，均在发达国家和地区。

詹中校从实验室操纵到后来发病的处理过程，包括在实验室清除废弃物时出现疏失，没有主动通报，后来还跑到新加坡往开会，出现发热症状也没有第一时间告知、通报，有一连串的错误，以致造成民众心理的冲击、甚至影响经济。

直接原因是由于研究职员詹姓中校在实验室内未能遵守规章，因操纵疏忽而感染 SARS。此外，根据世界卫生组织的调查，台湾 SARS 实验室的一个主要题目是人手不足，科研职员经常单独工作，进步了发生意外和错误被忽视的风险。世卫组织职员夸大科研职员不应单独在实验室工作，至少应有两人在一起。世卫组织职员指出，台湾实验室职员虽接受安全程序的教导，但他们缺乏足够的监视以确保他们真正遵守规章。

事件发生后台湾当局"卫生署"封闭了岛内 P3 级以上的实验室，并进行了两次完整的环境消毒，所有设备具体检验，所有职员均重新防护练习，且需考试认证，再经过外国专家查核没有题目，才可重新开放。

增加"詹中校"条款。台湾"立法院"在新版的"传染病防治法"规定：P4 级以上的实验室依照世界卫生组织的规范，每次都需两人同行才可进进，而且进进时全程都需穿着隔离衣和隔离装备；而"研究职员也不可兼作工友及清洁职员"。

3. 中国内地的实验室感染事件

2004年4月安徽、北京先后发现新的SARS病例，经证实分别来自于在中国疾病预防控制所实验室受到SARS感染的两名工作职员。

卫生部、科技部组成联合调查组对有关责任开展了调查。调查认定，这次非典疫情源于实验室内感染，是一起因实验室安全治理不善，执行规章制度不严，技术职员违规操纵，安全防范措施不力，导致实验室污染和工作职员感染的重大责任事故。中国疾病预防控制中心病毒病预防控制所腹泻病毒室跨专业从事非典病毒研究，采用未经论证和效果验证的非典病毒灭活方法，在不符合防护要求的普通实验室内操纵非典感染材料，发现职员健康异常情况未及时上报。

中国疾病预防控制中心病毒病所实验室两名工作职员证实感染非典后，卫生部紧急封闭了该所，划出警戒线，防止其他人接近，并在邻近的社区服务中心设立临时指挥中心，然后紧急撤离了病毒病所内二百名工作职员，前往小汤山进行全面隔离。

卫生部立即向国务院作了汇报，并召开全国卫生系统电视电话会议，向全国通报了两地疫情情况，对全国SARS防治工作进行全面部署。要求各地立即恢复SARS零报告制度，加强发热病例的监测，全面上报近期不明原因肺炎病例，切实做好医务职员防护，严格实验室安全治理。

（摘自http：//www.chinabaike.com/z/keji/shiyanjishu/2011/0116/157903.html）

5. 溴化乙锭的处理

溴化乙锭（ethidium bromide，简称EB），是一种高度灵敏的嵌入性荧光染色剂。用于观察琼脂糖和聚丙烯酰胺凝胶中的DNA。溴化乙锭可以嵌入碱基分子中，导致错配。许多人认为溴化乙锭是强诱变剂，具有高致癌性。但实际上目前还不能证明溴化乙锭是基因致癌物。目前还没有任何证据能证明直接接触溴化乙锭能对任何动物有毒害性。使用溴化乙锭最大的危险是当混合一个5mg/ml的储存液时吸入溴化乙锭粉末，因此可以直接购买预先混合好的 5mg/ml 的储存液。使用时，将 5mg/ml 的储存液稀释成 1μg/ml 的染色液，用稀释溶液进行规范操作凝胶染色的危险很小。

由于溴化乙锭具有一定潜在的毒性，在使用其进行凝胶染色时，必须要戴上手套进行操作。在分子生物学实验结束后，应对含 EB 的溶液进行净化处理再行弃置，以避免污染环境和危害人体健康。

（1）对于 EB 含量大于 0.5mg/ml 的溶液，可如下处理：

①将 EB 溶液用水稀释至浓度低于 0.5mg/ml；

②加入一倍体积的 0.5mol/L $KMnO_4$，混匀，再加入等量的 25mol/L HCl，混匀，置室温数小时；

③加入一倍体积的 2.5mol/L NaOH，混匀并废弃。

（2）EB 含量小于 0.5mg/ml 的溶液可如下处理：

①按 1mg/ml 的量加入活性炭，不时轻摇混匀，室温放置 1 小时；

②用滤纸过滤并将活性碳与滤纸密封后丢弃。

6. 生物实验室人员生物安全防护要求

●在实验室工作时，任何时候都必须穿着工作服。

●在进行可能直接或意外接触到血液、体液以及其他具有潜在感染性的材料或感染性动物的操作时，应戴上合适的手套。手套用完摘除后必须洗手。

●在处理完感染性实验材料和动物后，以及在离开实验室工作区域前，都必须洗手。

●有喷溅的可能时，为了防止眼睛或面部受到泼溅物的伤害，应戴安全眼镜、面罩（面具）或其他防护设备。

●不得在实验室内穿露脚趾的鞋子。

●禁止在实验室工作区域进食、饮水、吸烟、化妆和处理隐形眼镜。

●禁止在实验室工作区域储存食品和饮料。

●当接触了含有重组 DNA 分子的生物体和动物后，或者在离开实验室之前都应洗手。

●实验过程中禁止外来人员进入。

● 工作台每天都应消毒一次，而且当有活性物质洒落其上时应进行消毒。

● 使用机械移液装置移液，绝不能用嘴吸。

● 所有的操作步骤都应该认真执行以减少气体悬浮物质的产生。

● 激光辐射（可见的或不可见的）都能严重损伤眼睛和皮肤。在实验操作时，要防止直接接触直射和反射的光束。

● 电泳和电泳设备，如果使用不当会引起严重失火和电击事故。

● 实验室中的微波炉和高压锅需要安全的预防措施，且按照标准操作规程操作。

● 在使用显微切片刀、解剖刀、剃刀或注射针等器械时要特别小心，避免受伤和可能的感染。

二、实践教学内容

实践教学应突出产学结合特色，培养学生实践技能，与国家职业技能鉴定相接轨，把教学活动与生产实践、社会服务、技术推广及技术开发紧密结合，把职业能力培养与职业道德培养紧密结合，保证实践教学时间，培养学生的实践能力、专业技能、敬业精神和严谨求实作风。实践教学体系主要由基本技能训练、职业技能训练、职业综合实践等组成。

1. 基本技能训练

结合相关素质课程教学进行课内实验或训练，通过计算机、化学、微生物学、细胞生物学、信息检索等课程的技能训练，使学生具有较强的动手能力，为学生暂无各项专业技能奠定基础。要大力改革实验教学的形式和内容，减少演示性、验证性实验，增加工艺性、设计性、综合性实验，鼓励开设综合性、创新性实验和研究型课程，鼓励学生参加科研活动。

2. 职业技能训练

结合相关职业技术课相对应的技能训练课程，培养学生的职业素质和职业技能，主要有：军事技能训练、计算机等级考试上机实训、细胞培养技术实训、生物检测技术实训、生物分离技术实训、生物实验仪器设备操作与维护等课程。

3. 职业综合技能实训

开设职业综合技能训练课程培养学生对各项单项技能的综合运用，提升学生的职业综合能力。要以企业产品、项目、案例等为载体，进行生产性、模拟性仿真性的实训，进一步提高学生的技能水平。如生物医药研发辅助综合实训、职业技能鉴定实训等，组织学生参与校内外、企业、行业及政府部门开展的职业技能竞赛，训练学生的综合能力。要努力营造企业环境，培养学生的职业感觉，强化训练效果。

4. 职业综合社会实践

认识实习与顶岗实习是学生在真实的工作环境中进行技能训练和素质养成的重要环节，要务必落实，并保证学生在企业实习时间3~4个月。顶岗实习一般安排在最后学期，以实现实习与就业相结合。

5. 毕业考核

毕业考核方式有毕业论文、毕业设计、毕业实习报告、毕业综合实验、技能鉴定等，是对学生学习效果的综合考核，可按照各校的办学特色以及专业人才培养方案选择方式和安排时间。社会实践：通过组织学生参加勤工俭学、公益劳动、社团活动、假期社会实践活动和课外志愿者活动等，提高学生综合素质。

三、校内实训基地

1. 微生物净化实训室

微生物净化实训室内主要的实训设备有：超净工作台、摇床、恒温培养箱、超低温冰箱、4℃菌种保藏柜等。

主要承担的实训课程有：医药行业卫生学基础、现代生物学基础。

在本实训室主要训练学生微生物无菌操作的相关技能以及菌种保藏、复苏、培育等相关技能。

图2-3 细胞培养实训室

2. 细胞培养实训室

细胞培养实训室主要的实训室仪器设备有：生物安全柜、CO_2培养箱、倒置显微镜、酶标仪、高压蒸汽灭菌器、人工气候箱、电子天平、恒温干燥箱等。

主要承担的实训课程有：细胞培养技术。

主要训练学生植物细胞培养以及动物细胞培养的相关技能。其中包括：动物细胞原代培养、传代培养、培养细胞的观察和检测，动物细胞冷冻、复苏和运输，动物细胞大规模培养，特殊动物细胞培养，植物细胞的悬浮培养、固定化培养、单细胞培养和原生质体培养，植物细胞大规模培养。

3. 生物基础实训室

主要的实训仪器设备有：显微镜、电泳仪、分光光度计、电子天平、高压蒸汽灭菌器、恒温干燥箱。

主要承担的课程有：现代生物学基础、生物化学。

4. 基因操作实训室

PCR仪、紫外检测仪、DNA电泳仪、离心机、制冰机、高压蒸汽灭菌

图 2-4　生物基础实训室

器、微量移液器、电子天平、恒温干燥箱。

主要承担的课程有：基因操作技术。

主要训练的实验技能有：基因的单元操作、核酸操作技术、基因扩增技术、电泳技术、DNA 体外重组技术。

图 2-5　基因操作实训室

5. 生物分离检测实训室

高速冷冻离心机、制冰机、紫外－可见分光光度计、电子天平、高效液相色谱仪、蛋白层析系统。

主要承担的课程有：生物分离检测技术。

主要训练的技能包括：各项分离纯化技术的单项训练、各种检测技术以及检测仪器的使用训练。

四、校外实训基地

生物实验技术专业在第三、四学期实行工学交替，选择的实训基地以生物药物研发的科研单位和生物高技术公司的实验室为主。

图 2-6　生物分离检测实训室

1. 天津新药安全评价中心

天津市新药安全评价研究中心，隶属于天津药物研究院，主要开展新药的临床前评价研究工作。中心凝聚了以刘昌孝院士领衔的 72 人科研团队。其中中国工程院院士 1 人，研究员 10 人，副研究员 19 人，博士 8 人，硕士 24 人，硕士生导师 6 人，博士生导师 2 人。形成以国家创新药物药代动力学研究技术平台、国家创新药物临床前安全性评价研究技术平台、国家创新药物天津综合大平台——药效学研究 3 大技术平台为主体的药代动力学、安全性评价和药效学研究三大优势学科，成为国家新药临床前评价的重要基地之一。

中心在天津滨海高新区国家生物医药国际创新园建有 6700m² 的实验动物设施包括 SPF 级小动物房和清洁级大动物房，7900m² 的各类功能实验室和环境控制设施。

图 2-7 实验室

中心拥有液质联用仪 4 台、高效液相色谱仪、日立-7080 自动生化分析仪、西门子 2120 血细胞自动分析仪、西门子 AUTOSLIDE 全自动制片染片机、ACL9000 凝血功能测定仪、流式细胞仪、M150 多导生理分析仪、无创生理信号采集系统，樱花、莱卡病理切片、包埋、染色、脱水及病理图像处理分析系统、PCR 分析仪、高速低温离心机、彩色超声多普勒显像仪、血小板聚集仪、无创血压测定仪、血液黏度仪、样品浓缩仪、生理信号遥测系统等 3000 余万元先进仪器，满足新药临床前评价的需要。

中心按照国际 GLP 规范和药物研究指导原则要求，承担各类新药的临床前评价研究和临床生物样品的测试工作，近年来为国内外上百家单位提供高质量的各类新药注册技术服务。

2. 天津昂赛细胞基因工程有限公司

天津昂赛细胞基因工程有限公司暨细胞产品国家工程研究中心，主要经营细胞工程相关产品的技术开发及研制；细胞系列技术工程产品的技术开发及研制；细胞治疗技术、细胞抗体、基因药物的技术开发与研制。

图 2-8　公司外景

中心拥有先进的仪器设备和 525 平方米的实验室，建有脐带间充质 GMP 级生产车间（包括万级生产区和检验区）；建立了标准化的干细胞分离、检测、培养、扩增和保存的配套工艺技术和质量控制体系；运用拥有自主知识产权的《人胎盘、脐带间充质干细胞库及其构建方法》，建成了全球首个脐带间充质干细胞库。

图 2-9　细胞生产车间

主要从事细胞治疗产品、体内外分离与扩增干细胞、基因工程多肽药物等的研究开发，旨在加速干细胞工程技术开发和基因工程药物的科研成果向现实生产力转化。

图 2-9　实验室

细胞产品国家工程研究中心／天津昂赛细胞基因工程有限公司的发展目标是：建设成为世界一流、国内领先的细胞产品研究、开发、存储和应用中心，真正承担起推广和扶植各地干细胞研究和应用的责任，成为我国干细胞产业化领域的领跑者，带动国家细胞产品生物产业链和产业群的发展和繁荣。

3. 天津市医药集团技术发展有限公司

天津市医药集团技术发展有限公司是天津市医药集团有限公司、天津中新药业集团股份有限公司和天津药物研究院于 1998 年为发挥各自优势、体现产研结合共同组建的高科技公司。

研究团队从 1996 年成立至今在天津药物研究院的重点培育及天津市科委和天津市医药集团的大力支持下迅速成长，在头孢菌素中间体及新药开发中取得了丰硕的成果，先后完成了国家"九五"攻关项目和天津市攻关项目头孢菌素关键中间体 GCLE 的研制；在全国率先独家获得第三代头孢菌素新药头孢地尼的新药证书，并开发了系列头孢菌素药物及中间体，均已实现产业化；先后申请多项国家发明专利，已获发明专利授权 5 项。公司经过人员和资产的优化重组，通过与企业的紧密结合，在化学原料药和中间体的工艺研究、中试放大、生产工艺优化等方面，尤其在抗感染领域药物及其重要中间体的研发、合成、半合成工艺研究方面具有特色。

公司科研团队前身为原天津药物研究院化学制药部抗感染药物领域各课题组，现公司由药物合成室及质量研究室组成，公司现有研究员 2 人，副研究员 1 人，高级工程师 3 人，享受国务院政府特殊津贴专家 1 人，本科以上学历人员占 75%。公司配有多种现代化合成设备及检测仪器，如高效液相色谱仪、紫外光谱仪、水分测定仪、低温反应器、进口旋转薄膜蒸发仪、25L 进口玻璃反应罐、高压反应釜、高真空蒸馏及冻干设备，可满足药物开发研究工作的需要。

模块三 行业好，发展有潜力

近年来，我国制药业发展迅速，现已注册的医药生产企业 7165 家，通过 GMP 认证的有 4000 多家，在国家食品药品监督管理局注册的原料药生产企业 1642 家，获得 GMP 认证企业生产的原料药有 3700 多个。十一五期间，天津市第四批 20 项重大工业项目，生物医药产业化项目总投资达 49.2 亿元。

任务一 生物产业发展状况与展望

一、生物医药产业的发展历程

1. 生物学的发展，尤其是阐明许多疾病的微生物学的发展，促进了医药工业的创新发展

生物医药的发展与文艺复兴后生物科学的发展是密不可分的。1796 年英国科学家 Jenner 发明了用牛痘疫苗治疗天花的技术，从此用生物制品预防传染病得到了肯定。1877 年，Pasteur 研究了鸡霍乱，发现将病原菌减毒可诱发免疫性，以预防鸡霍乱病。其后他又研究了牛、羊炭疽病和狂犬病，并首次制成狂犬疫苗，证实其免疫学说，促进了医药学的发展。Pasteur 还在细菌学上做出了巨大贡献，从而开创了第一次药学革命。在病原菌研究方面，柯赫发现了肺结核病的病原菌，其因此也获得了诺贝尔奖。正因为柯赫的开创性工作，19 世纪 70 年代至 20 世纪 20 年代是发现病原菌的黄金年代，所发现的各种病原微生物不下百余种。

2. 近代深层发酵技术的发展，促进了发酵制药工业的快速崛起

1928 年，英国圣玛丽医学院的讲师 Fleming 在一次偶然的试验中，发现培养基边缘有一块因溶菌而显示的透明抑菌圈，因此发现青霉素的存在，并于次年 6 月发表论文，最终使其获诺贝尔奖。弗莱明后来设法培养青霉菌，但青霉素的提纯问题一直没解决。到了 1935 年，牛津大学的生化学家 Chain 和物理学家 Floroy 对 Fleming 的发现很感兴趣，进行了青霉菌的培养、分离和纯化，提高了其抗菌力。直至 1940 年代，第二次世界大战爆发，大量的感染用药的需求与大型的医药企业的参与，直接催生了近代一个非常重要的抗生素工业的快速崛起。在这期间，抗生素的深层发酵法逐步建立起来，建立了成熟的发酵技术和发酵工艺，这标志着以纯种发酵为特征的近代生物制药技术发展起来。

20 世纪 50 年代是人类抗生素发现的黄金年代，各种不同类型的抗生素相继被发现，继而又扩展到氨基酸、酶制剂、维生素、甾体激素以及其他工业品和食品生产。

3. DNA 双螺旋结构发现以来，生物医药工业加速发展

1953 年，Watson 和 Crick 发现了 DNA 双螺旋结构，为在分子水平上研究遗传物质 DNA 及其后 DNA 重组技术奠定了基础，使生物医药技术进入了一个新时代。1982 年，第一个基因工程药物——基因重组胰岛素上市以后，基因工程药物的研究与开发进入一个大的发展

图 3-1　英国科学家 Fleming

时期。2003 年到 2004 年间，与基因重组类生物技术类药物的年销售额已突破 400 亿美元。生物医药产业已成为制药业乃至整个国民经济增长中的新亮点，被认为是"21 世纪的钻石产业"。

表 3 - 1　生物药物的发展概况

年份	事件
1953	DNA 双螺旋结构的发展
1966	破译遗传密码
1970	发现限制性内切酶
1971	第一次完全合成基因
1973	用限制性内切酶和连接酶第一次完成 DNA 的切割和连接，揭开了基因重组的序幕
1975	杂交瘤技术创立，揭开了抗体工程的序幕
1977	第一次在细菌中表达人类基因
1978	基因重组人胰岛素在大肠杆菌中的成功表达
1982	FDA 批准了第一个基因重组生物制品——胰岛素上市
1983	PCR 技术出现
1984	嵌合抗体技术创立
1986	第一个治疗性单克隆抗体药物获准上市，用于防止肾移植排斥
1986	第一个基因重组疫苗（乙肝疫苗）上市
1987	第一个用动物细胞（CHO）表达的基因工程产品 t - PA 上市
1990	人源抗体制备技术创立
1994	第一个基因重组嵌合抗体 ReoPro 上市
1997	第一个肿瘤治疗的治疗性抗体 Rituxan 上市
1998	第一次分离了人胚胎干细胞
2000	人类基因组草图绘制
2002	第一个治疗性人源抗体 Humira 获准上市
2004	中国批准了第一个基因治疗药物——重组人 p53 腺病毒注射液

二、生物医药产业的发展现状及未来展望

1. 生物医药产业特点

众所周知，生物医药产业具有"三高一长"的产业特征，即"高投入"、"高收益"、"高风险"，同时伴随着"长周期"。

首先，生物医药产业需要相当大的前期研发投入，主要用于新产品的研究开发及医药厂房的建造和设备仪器的配置方面。目前国外研究开发一个新的生物新药的平均费用在 1 亿 ~3 亿美元左右，并随新药开发难度的增加

而增加。全球研发前十位的制药公司研发费用占其销售额的 10% ~ 20%，一些大型生物制药公司甚至超过了 40%。

其次，生物新药研发具有十分丰厚的利润回报。新药一般上市后 2 ~ 3 年即可收回所有投资，尤其是拥有创新产品、专利产品的企业，一旦开发成功便会形成技术垄断优势，利润回报能高达 10 倍以上。

再次，生物医药产品的研发风险较大。一个获批上市的药物一般都是从上万种化合物中筛选出来的，同时在开发过程中任何一个环节失败都将前功尽弃。例如：只有大约 10% 的潜在新药能够通过临床前试验。故而，投入多年人力、财力和物力后的研发项目受挫将对企业影响巨大。如今生物医药研发经历了新一轮扩容，其呈现出鲜明的特点：从过去单纯的研发外包发展到范围更广、形式更多样的合作，以项目形式的合作成为一种趋势。另外，不及时将研发成果产业化，企业也将面临被淘汰的风险。为了规避研发风险，跨国制药巨头逐渐改变在华投资的单一方式。例如，赛诺菲－安万特宣布在华研发规模扩展计划。在这两年的研发转移热潮之后，其并不是唯一宣布进一步扩大在华研发业务的外企。无独有偶，不到一周前，礼来亦宣布设立中国研发总部，将成为一支科研管理和风险投资的团队。

最后，药品生产是监管程度最严的行业，生物药品从开始研制到最终转化为产品要经过实验室研究、中试生产、临床试验、规模化生产等多个环节，每个环节的严格复杂的药政审批程序，所以开发一种新药周期较长，一般需要 10 年左右的时间。

2. 世界生物医药产业的发展现状及展望

（1）世界生物医药产业的发展现状

①各国政府均加大了政策支持力度支持生物医药产业发展。新世纪以来，各国政府相继出台一系列重大措施支持生物医药产业的发展。美国在奥巴马政府上台后，大力推行医疗改革制度，放宽仿制药限制，特别是解除了对联邦政府资金支持胚胎干细胞研究的限制，2008 年全美药物研究和生物技术公司新药和新疫苗研发投入高达 652 亿美元，显示出其抢抓生物医药未来龙头的意图；欧盟委员会和欧洲制药工业协会联合会向 15 个公共

和私营部门合作项目投资，以促进创新药品研发上市，提高药物安全性；日本近日修订了《药事法》，为日本企业在海外建设的合资企业进入日本药品销售市场开辟了道路。

②产业规模持续扩大，研发投入持续增长。金融危机并未对生物医药产业的发展形成显著影响。2008 年，全球性的金融危机对世界经济造成了巨大冲击。而对于生物医药产业而言，由于其需求具有较强的刚性，在危机中受影响较小，在金融风暴中一枝独秀，产业规模不断壮大。由于发达国家的主销药品失去专利保护以及新兴国家医药市场的强劲增长，2009 年，全球医药市场规模增长 7.0%，达到 8370 亿美元。据 IMS Health 公司研究报告预测，未来 5 年内，全球药品销售额的增长率将稳定在 5% – 8% 左右，2014 年突破 1.1 万亿美元。届时生物医药将与信息产业并驾齐驱，成为最具活力和发展空间的战略性支柱产业之一。

全球范围内尚有超过 2200 种生物技术药物在研发阶段，其中 1700 余种已进入临床试验，将成为未来新的产业增长点。根据 Frost & Sullivan 公司的市场分析报告，预计生物技术药物销售额将于 2011 年突破性地达到 982 亿美元。

③发达国家重视生物研发，新兴国家增长迅速。在金融危机、经济放缓的大背景下，美国生物制药研发活动仍然逆流而上，2008 年研发投入再上新台阶。据美国药品研究与制造商协会（PhRMA）近期公布一份研究报告显示，2008 年全美药物研究和生物技术公司新药和新疫苗研发投入高达 652 亿美元，较 2007 年增加约 20 亿美元，再创历史新高，其中仅 PhRMA 成员公司的药物 R&D 费用就高达 503 亿美元，较上年的 479 亿美元增长了 5%。另外，美国生物医药产业已在世界上确立了代际优势。即比最接近的竞争对手如英国、德国等生物医药强国，在技术和产业发展上，要至少先进两代以上。

英国是仅次于美国的生物医药研发强国，产业的科学基础是其他欧洲国家无法比拟的，在这一领域，英国已经获得了 20 多个诺贝尔奖。

日本在 2002 年 12 月提出生物技术产业立国的口号，经济产业省出台了产业园区计划，积极推进产业园区的形成。形成了包含各种高科技的主题园区 18 个，而其中的 11 个都是以生物技术或生命科学为重点的产业园区，如大阪生物技术产业园区、神户地区产业园区和北海道物技术产业园区等。

伴随着新兴医药市场的快速增长，全球医药市场开始出现向新兴国家转移的趋势。2009 年全球医药经济 1/3 的增长来源于新兴市场，2010 年 ~ 2014 年间，以亚太和拉美地区为代表的新兴医药市场预计将以 14% ~ 17% 的速度增长，而主要的发达医药市场的增长率将仅为 3% ~ 6%。到 2014 年，新兴医药市场的药品销售额的累计增长金额将与发达医药市场持平，达到 1200 亿 ~ 1400 亿美元。印度目前生物医药产业发展十分迅速，将生物医药与信息学不断融合，是印度生物医药产业发展的一大特色，已成为亚太地区五个新兴的生物科技领先国家和地区之一。日本生物医药领域的发展起步晚于欧美国家，但发展非常迅猛。

知识链接

2011 年全球 10 强医药企业公布排名

日前，国外医药杂志《制药经理人》公布 2011 年全球 50 强医药企业，排名前 10 位的企业分别是辉瑞（Pfizer）、诺华（Novartis）、默沙东（Merck）、赛诺菲（Sanofi）、罗氏（Roche）、葛兰素史克（GlaxoSmithK-line）等。其中辉瑞和诺华 2011 年销售额均超过 500 亿美元。从排名位置看，默沙东和雅培都上升一位。

表 3 - 2　2011 年全球药物销售额前 10 位企业

2011 年排名	公司	公司总部所在地	2011 年全球药物销售额（亿美元）	2010 年排名
1	辉瑞（Pfizer）	美国	577	1
2	诺华（Novartis）	瑞士	540	2
3	默沙东（Merck）	美国	413	4

续表

2011 年排名	公司	公司总部所在地	2011 年全球药物销售额（亿美元）	2010 年排名
4	赛诺菲（Sanofi）	法国	370	3
5	罗氏（Roche）	瑞士	349	5
6	葛兰素史克（GlaxoSmithKline）	英国	344	6
7	阿斯利康（AstraZeneca）	英国	336	7
8	强生（Johnson & Johnson）	美国	244	8
9	雅培（Abbott）	美国	224	10
10	礼来（Eli Lilly）	美国	219	9

2011 年，全球药物销售额前 10 位企业合共研发费用超过 656 亿美元，其中辉瑞和诺华研发费用均超 91 亿美元。除了第 10 位的雅培外，其他 9 大企业研发费用均超 50 亿元。

表 3 - 3　2011 年全球药物研发费用前 10 位企业

2011 年排名	公司	公司总部所在地	2011 年研发费用（亿美元）
1	辉瑞（Pfizer）	美国	91.12
2	诺华（Novartis）	瑞士	91.00
3	默沙东（Merck）	美国	84.67
4	罗氏（Roche）	美国	78.62
5	赛诺菲（Sanofi）	法国	60.07
6	葛兰素史克（GlaxoSmithKline）	英国	58.22
7	强生（Johnson & Johnson）	美国	51.38
8	阿斯利康（AstraZeneca）	英国	50.33
9	礼来（Eli Lilly）	美国	50.20
10	雅培（Abbott）	美国	41.29

3. 我国生物医药产业的发展现状及展望

（1）我国生物医药产业政策

①《国家中长期科学和技术发展规划纲要》 2006 年 2 月 9 日，为全

面建设小康社会、加快推进社会主义现代化建设，国务院发布《国家中长期科学和技术发展规划纲要（2006－2020年)》，将生物技术和新材料技术等列为"前沿技术"，加以重点发展支持；要求把生物技术作为未来高技术产业迎头赶上的重点，加强生物技术在农业、工业、人口与健康等领域的应用。

②《促进生物产业加快发展的若干政策》 2009年6月2日，为加快把生物产业培育成为高技术领域的支柱产业和国家的战略性新兴产业，国务院办公厅发布《促进生物产业加快发展的若干政策》，将生物医药和生物制药领域作为重点发展的领域，要求加速生物产业规模化、集聚化和国际化发展。

③《中共中央关于制定"十二五"规划的建议》 2010年10月18日下午，中国共产党第十七届中央委员会召开第五次全体会议，会议通过了《中共中央关于制定国民经济和社会发展第十二个五年规划的建议》，作为国民经济和社会发展第十二个五年规划，是全面建设小康社会进程中的重要规划，其中明确提出要加快发展生物产业，充分发挥我国特有的资源优势和技术优势，面向健康、农业、环保、能源和材料等领域的重大需求，努力实现关键技术和重要产品研制的新突破。紧紧抓住我国发展的重要战略机遇期，为全面建成小康社会打下具有决定性意义的基础。这是"十二五"规划建议承上启下、与时俱进的历史新方位。

④《生物产业发展"十二五"规划》 《生物产业发展"十二五"规划》是国民经济和社会发展第十二个五年规划体系中的专项规划之一，也是正在编制的《战略性新兴产业发展"十二五"规划》的配套专项规划之一。从生物产业的技术创新方向、产业化与产业发展主要任务、产业布局、市场培育、人才培养，以及财税政策、投融资政策等多方面开展促进生物产业发展。规划认为生物产业将成为继信息产业之后世界经济中又一个新的主导产业，生物科技革命将为人类社会发展提供新资源、新手段、新途径，引发医药、农业、能源、材料等领域新的产业革命，有效缓解人类社会可持续发展所面临的健康、食品、资源等重大问题，并提出加速我国生物产业发展具有重大战略意义，要求加快发展生物医药行业。规划中

提出，"十二五"末生物产业产值达到 4 万亿，其中医药产业总产值达到
3.6 万亿。

（2）我国生物医药产业发展现状

①生物产业正在成为中国高技术领域新的增长点。我国生物产业规模
近年来不断扩大。生物医药稳步增长，经济效益大幅增加。2011 年 1～6
月，生物生化药品制造业实现产值 740.79 亿元，同比增长 25.4%。生物
产业正在成为中国高技术领域新的增长点。生物产业在"十二五"期间将
迎来一段崭新的发展历程。

2000 年以来，我国生物医药产业进入快速发展阶段，2000～2008 年全
国医药工业产品销售收入年均增长达 20.45%。2009 年 1～8 月我国共实现
医药工业总产值 6158.77 亿元，同比增长 17.39%，全年有望达到 1 万亿
元。2010 年随着新型农村合作医疗，新医改政策带来的市场扩容，医药工
业总值预计达 12580 亿元。近年来国家不断加大项目支持和资金投入，产
业发展环境得到了进一步的优化。2009 年 5 月，"重大新药创制"正式启
动实施，这是我国科技领域实施的 16 个重大专项之一，也是中国医药科技
领域有史以来投入最多、社会关注度最高的科技项目，获得中央财政 66 亿
元的支持，并将带动地方及企业 178 亿元的投资。2009 年 6 月，国务院出
台了《促进生物产业加快发展若干政策》，明确地提出把生物产业培育成
国家高技术产业的支柱产业。2010 年两会期间召开的"加快经济发展方式
转变，大力发展战略性新兴产业"提案办理协商会上，生物医药又被确定
的我国战略性新兴产业之一。

②中国生物医药产业集群已初步形成以长三角、环渤海为核心，珠三
角、东北等东部沿海地区集聚发展的总体产业空间格局。已批准设立国家
级生物产业基地的省市已达到 21 个，主要分布在环渤海与长三角地区。其
中，环渤海地区有 9 家基地，长三角地区有 6 家基地，分别占东部沿海基
地总数的 53% 与 35%。

未来中国生物医药产业空间演变将呈现出三大趋势：首先是区域不平
衡发展将进一步凸显，东部沿海地区仍将是发展的重心，与中西部差距将
持续拉大；其次是地域分工更加明显，研发要素将进一步向上海、北京集

聚，制造环节加速向江苏、山东集聚；最后是热点区域将不断涌现。深圳、武汉、长沙快速发展，太原、厦门、兰州等区域中心城市将成为新兴热点。

在这其中，渤海区域生物医药产业发展迅速。

北京市是环渤海地区生物医药的研发中心，初步形成以生命所、芯片中心和蛋白质组中心为主体的研发创新体系。北京的人才优势突出，拥有丰富的临床资源和一大批新药筛选、安全评价、中试与质量控制等关键技术平台。北京生物医药研发服务业的年收入已经突破50亿元。作为全国生物医药创新中心，北京拥有领先的科技资源和丰富的临床资源，具备一批拥有专有技术的研发服务机构，发展医药研发服务业优势明显。从服务内容来看，北京市在药物临床试验服务、药物非临床安全性评价、基因组技术服务、新药开发与转让服务等方面已形成规模，进入了快速成长期。以药物非临床安全性评价为例，本市现已拥有非临床安全性评价中心8家，在这一领域位居全国领先地位。

天津市以出口为导向，科技支撑实力突出，聚集了500多家从事生产和研发的相关机构，中药现代化居全国领先水平，是环渤海地区重要的现代生物医药产业制造基地和关键技术的研发转化基地。天津是全国重要的生物医药产业基地，先后被国家发改委、商务部和科技部认定为"国家生物产业基地"、"国家医药产品出口基地"和"中药现代化科技产业基地"。

山东省、河北省是环渤海地区生物医药制造业的重要省份，均具有良好的传统医药产业基础。山东是我国的生物制药产业大省，具有国内领先的新药研发和产业化资源优势，该省的行业产值、利税多年来位居全国前列。河北是我国的生物医药的制造基地，聚集了一批在全国有影响力、有竞争力的制药企业。

③天津滨海新区生物医药发展现状：生物医药在区域内引领先进制造业的发展。滨海新区是天津市生物医药产业的主要聚集地，尤其是"四部一市"在滨海新区共建的国家生物医药国际创新园以来，新区的生物医药产业增势迅猛，自主创新能力不断增强，为"十二五"期间产业实现跨越式发展奠定了良好的基础。

a. 生物医药飞速发展，产业规模快速提升。在天津滨海新区，作为滨海新区八大优势产业的生物医药产业飞速发展。数据显示，滨海新区生物医药产业 2011 年全年完成工业总产值 217.1 亿元，同比增长 11.5%。

滨海新区正逐步形成"创新—孵化—中试—生产"生物医药产业链，"十二五"期间将发展成为国家级生物医药产业基地，已有凯莱英、诺和诺德、诺维信、葛兰素史克、施维雅、金耀集团等超 100 家国内外著名生物医药生产企业和园区孵化器纷纷落户于此，全市 50% 以上的生物技术和现代医药企业在这里聚集，产业规模以年均增长率 40% 快速提升。

b. 自主创新不断增强，服务水平不断提高。在滨海新区新药研发方面，自主研发的间充质干细胞注射液、第四代抗艾滋病药物——西夫韦肽、治疗骨髓瘤的"环化变构肿瘤坏死因子相关凋亡诱导配体（CPT)"以及预防肺结核的"无细胞耻垢分枝杆菌疫苗"等一批创新药物进入临床试验阶段。

同时，天津国际生物医药联合研究院、国家生物医药国际创新园、军事医学科学院、中科院工业生物技术研发中心、国家干细胞工程技术研究中心等一批高水平国字号研发机构也相继落户新区，提高了滨海新区生物医药产业的服务水平。以天津国际生物医药联合研究院为例，去年全年共支持了包括 23 个 1 类药在内的 59 个新药的研发，获得 5 个新药证书和 19 个新药临床研究批件。以超级细菌 NDM-1 的关键蛋白结构解析、人手足口病病原体 EV71 病毒与疫苗研究为代表的各项专利达 103 项。9 个临床项目通过专家评审，已产业化生产。

c. 政策支持不断促进产业发展。生物医药产业是天津开发区近年来优先鼓励发展的产业之一，政府从土地、厂房租金、能源贴费、税收和财政扶植等方面都给予了最大鼓励。为加快发展生物医药产业，2007 年 6 月天津与国家科技部签署合作协议，在滨海新区共建"国家生物医药国际创新园"。天津经济技术开发区作为"国家生物医药国际创新园"重要的起步区域，通过持续在医药产业的规划、培育和创新等方面做出积极的努力和贡献，为未来该基地的建设和发展奠定良好基础。从近年来葛兰素史克、诺和诺德、药明康德公司等国内外的知名药企的投资项目陆续迁入，到现代中药产业园、华立达生物园等子项目的日渐建设成形，在天津经济技术开发区一条集产品研发、技术转化、生产制造、商业物流和展示交流的生物技术产业链已初具规模，天津开发区正全力加快建设和打造具有国际竞争力的生物医药产业化基地。截至 2009 年底，开发区生物医药类企业达到120 家，外资企业约 50 家，内资企业约 70 家，形成了制造以外资企业为主，研发创新以内资企业为主的聚集特点。从 2001 年到 2009 年，开发区生物医药产业一直保持快速增长态势，年均增长率为 37%。2009 年，开发区生物医药产业实现产值 95.75 亿元人民币，同比增长 39.1%，超过全区工业总产值增速 16.4 个百分点。

天津滨海新区筹备设立 50 亿元的"生物医药产业发展基金"，支持滨海新区生物医药企业发展，大力促进国内外生物医药领域知名企业、研发机构聚集，吸引并扶持具有自主知识产权和国际竞争力的生物医药产品研发与产业化项目。市科委每年将安排不低于 1 亿元的生物医药研发转化专项资金，用于支持新药研发与转化，并根据不同研发阶段及项目规模，安排资助额度最高达 1000 万元的补贴。

截至目前，天津信汇制药有限公司年产 120 吨头孢菌素中间体 GCLE改扩建等一批产业项目已经建成并投入生产，新增利税近 10 亿元。天津昂赛细胞基因工程有限公司脐带间充质干细胞治疗产品以及基因工程重组PF4 和 HAPO 新药研制、药明康德新药开发公司药物模板及药用化合物库高技术产业化示范工程、凯莱英生命科学技术（天津）有限公司高标准原料药生产关键技术开发及产业化等 30 多项重点项目也在积极推进，预计可新增年销售收入近 50 亿元。

（3）中国生物医药产业展望

①生物医药产业在我国发展迅猛生物医药产业化进程明显加快，投资规模与市场规模迅速扩张 "十二五"期间，我国生物医药产业将进入以"量的规模扩张和质的起步追赶"为核心内容的整体提升阶段。"十二五"时期，国内市场需求的快速增长为产业发展带来机遇和提供推进动力。受人口老龄化、人均用药水平的不断提高、用药的疾病谱变化和新医改政策的刺激等因素的影响，生物医药市场需求将强劲增长。根据国家规划，到

"十二五"末，生物医药产业规模将达到 3 万亿元，复合增长率 20% 以上；形成 10 ~ 20 个龙头企业，产业集中度明显提高；研发投入强度显著提高，产业化技术和装备研制水平和配套性大幅提升。

②产业政策倾力扶持，高度重视生物产业发展　我国政府把生物技术产业作为 21 世纪优先发展的战略性产业，加大对生物医药产业的政策扶持与资金投入。"十二五"规划明确提出"十二五"期间医药的发展重点在于生物制药、中药现代化等。国家对生物医药产品的开发、生产和销售制订了一系列扶持政策，包括对生物制药企业实行多方面税收优惠、延长产品保护期和提供研发资金支持等。同时，国家为加强行业管理，对生物医药产品的研制和生产采取严格的审批程序，并针对重复建设严重这一情况，对部分生物医药产品的项目审批采取了限制家数的措施，以确保新药的市场独占权合理的利润回报，鼓励新药的研制。

③国家制定了中长期生物技术人才发展规划　规划中指出全球生物技术及产业发展呈现四大趋势：一是生物技术已经成为许多国家科研开发和资金投入的战略重点；二是生物技术已经成为国际科技竞争的重点之一；三是生物产业正在成为新的经济增长点；四是生物安全已经成为保障国家安全的重要组成部分。《国家中长期科学和技术发展规划纲要（2006 - 2020 年)》把生物技术作为科技发展的五个战略重点之一。经过一系列战略部署和努力，探索了适合我国国情的人才引进、培养和使用机制，我国生物技术人才工作取得了长足进展，培养了一批优秀人才，吸引了一批海外尖端人才，一定程度上提高了我国生物技术领域科研创新能力，生物技术人才工作呈现良好局面。

④具有较大产业化前景的科研成果与重点领域实现突破　1995 年，我国批准上市的基因药物仅有 3 个，此后迅速增加，到 2004 年，我国已批准25 种基因工程药物和疫苗上市，其中基因工程药物 20 种，包含不同规格产品 349 个；基因工程疫苗 5 种，包含不同规格疫苗 20 个。据不完全统计，我国批准上市的主要医用诊断试剂产品共有 490 种，其中医用酶免试剂产品 213 种、快速诊断及 PCR 试剂品种 95 种、常用化学发光试剂 64 种、放免试剂 118 种。据了解，目前全国有一大批生物技术科研成果或已

申报专利、或进入临床阶段或正在处于规模生产前期阶段，具有较大的产业化前景，因此我国生物医药产品上市将会保持稳步发展态势。"十二五"期间，我国生物医药产业面临突破性发展的战略机遇。生物医药产业是我国与发达国家差距相对较小的高技术领域。我国具有发展生物医药产业的一定产业基础和巨大市场需求，有可能在生物医药的部分领域发挥优势，参与国际分工，实现局部的跨越式发展。

在天津滨海新区，到 2015 年前后，将形成以跨国公司、国内医药龙头企业和大量中小创新型企业为主体的生物医药产业集群，打造出以哺乳细胞培养—单克隆抗体为代表的生物药产品链；以化合物筛选—动物实验—临床研究为代表的医药研发服务外包业务链；以高端原料药—仿制药—成品药出口为代表的化学药产品链；以植物有效成分提取、纯化—复合药物—新型植物药制剂为代的植物药产品链；以诊断试剂—基因芯片—诊断仪器为代表的医疗器械产品链。

知识链接

统计数据显示 2011 年投资医疗健康产业金额创新高

根据清科研究中心 14 日最新发布的统计数据，2011 年中国医疗健康产业的投资案例数与投资金额创下历年新高，共披露 158 起投资案例，涉及投资金额达 41.37 亿美元，这一金额几乎与 2006 年至 2010 年的累计投资金额相当。

清科表示，一方面受益于整体 VC/PE 投资案例和金额的增长，同时显示出生物医药产业作为国家战略性新兴产业对资本的吸引力。

医药行业最受关注

从 2011 年的医疗建行产业投资二级行业分布来看，医药行业发生的投资案例数达到 92 起，占比达到 59%，较之前的年度医药行业投资案例数占比有进一步增加的趋势，是最受 VC/PE 青睐的医疗健康二级行业。跟随其后的二级行业包括，医疗设备、医疗服务、生物工程等。

　　清科报告指出，医药行业是医疗健康产业各子行业中最受资本青睐和关注的领域，不论 VC/PE 投资数量还是 IPO 数量均领先于其它子行业。受益于人口老龄化带来用药需求增加、医保制度日渐完善、资本对中国这一尚不饱和市场的投入与推动等因素的作用下，业界普遍认为二十一世纪的第二个十年将是中国医药行业发展的黄金十年。

　　另外，从币种投资的分布情况来看，人民币投资以案例数领先于外币投资，2011 年中国医疗健康领域共披露 108 起人民币投资，而外币投资则仅为 47 起，另有 3 起投资币种未披露。而从币种投资的金额来看，情况则恰恰相反，2011 年医疗健康领域人民币投资所披露的金额为 7.80 亿美元，外币投资则数倍于人民币投资的金额达到 33 亿。

　　清科研究中心认为，对于中国医药企业的投资机会，可以从几个角度着眼：一是化学仿制药品及 API 研发制造。中国医药企业参与化学仿制药市场，一方面可以通过给药途径或剂型的创新，使得该药物制剂能够被认定为国家二至五类药物，从而获得相应的新药保护，另一方面开发即将到期和新近到期药物的原料药和中间体，也是企业抓住仿制药市场机遇的策略之一；二是生物及生化药品。值得关注的生物制剂领域则包括单抗药物和长效重组蛋白药物，这些领域被认为是中国最可能出现重磅炸弹的领域。此外疫苗领域也值得资本的关注。三是医药外包服务，清科指出，目前最受关注的医药外包服务主要是指研发外包，国际 CRO（研发外包）市场中，又以临床试验业务占比最大。

　　医药流通领域并购频发

　　2011 年 5 月，商务部发布了《2010.-2015 年全国医药流通行业发展规划》，大力推动医药流通企业通过收购、合并、参股和控股等方式做大做强，实现规模化、集约化经营。提出了包括发展现代医药物流，提高药品流通效率，促进连锁经营发展等八项主要任务和相关的保障措施，来达到实现行业整合和优化行业结构的目标，由此推动了 2011 年中国医药流通产业的并购整合行为。

　　2011 年中国医药流通领域供披露了 14 起投资案例，并购方既包括国药控股、上海医药、华东医药、英特医药、南京医药这样的全国或地方大

型批发分销企业，也包括嘉事堂、老百姓大药房这样的药品零售企业。从地域分布来看，江浙沪地区的医药流通并购案例达到 9 起，是并购最为集中的区域。

医疗健康行业企业融资额有所下降

据清科统计，2011 年中国医疗健康产业共有 28 家企业成功 IPO，融资额达到 53.33 亿美元，融资额与上市企业数量较 2010 年的峰值时期均有所下降，这一下行趋势主要是由于整体 IPO 市场的低迷。据清科数据库统计，2011 年整体中国企业上市数量比上年减少 120 家，融资额减少了41.6%，而医疗健康行业由于需求的刚性以及中国医疗保障制度的完善，对资本的吸引力相对较强，其下跌幅度低于整体水平。

而 2009 年创业板的开板，为国内企业上市融资拓宽了途径。尽管创业板降低了企业的 IPO 门槛，近年的医疗健康产业 IPO 平均融资额却并没有下降。2011 年平均融资额达到 1.90 亿美元，略高于上年的 1.87 亿美元，以及 2009 年的 1.70 亿美元，其中大型医药流通企业上海医药通过香港主板融资 152.77 亿港元的 IPO 事件，对于平均融资额的提升有较大的贡献。

（摘自经济参考报）

任务二　认识生物医药龙头企业

一、葛兰素史克

葛兰素史克公司（GlaxoSmithKline）总部设在英国，以美国为业务营运中心。公司在世界 39 个国家拥有 99 个生产基地，产品远销全球 191 个国家和地区，在全球拥有 10 万余名既掌握专业技能又有奉献精神的出色员工。葛兰素史克公司在中国的历史最早可追溯至 20 世纪初叶。自 20 世纪 80 年代以来，在中国政府改革开放政策的感召下，公司在中国积极投资，将最先进的制药技术、最优质的产品、最新型的商业模式、最现代化的管

理理念和市场营销技巧引入了中国。

葛兰素史克（中国）投资有限公司（GSK）与天津中新药业集团股份有限公司、天津市医药公司合资建立的一家现代化制药企业，其经营范围包括生产、加工、分装和销售供人用的制剂产品、保健产品及相关产品。

主要生产胶囊、片剂、软膏三种剂型，生产能力23亿片/粒/支，代表产品有肠虫清、新康泰克、芬必得、兰美抒、百多邦、泰胃美等。

图 3 - 2　葛兰素史克（天津）有限公司

二、诺和诺德

诺和诺德（中国）制药有限公司是世界领先的生物制药公司，在用于糖尿病治疗的胰岛素开发和生产方面居世界领先地位，同时在糖尿病治疗领域拥有最为广泛的产品。诺和诺德总部位于丹麦首都哥本哈根。迄今为止，世界上主要胰岛素制剂均出自诺和诺德的实验室，从中效、长效胰岛素、预混胰岛素、高纯胰岛素、人胰岛素，到胰岛素注射笔，直至速效胰岛素类似物，可以说，诺和诺德公司的研发史同时也是人类利用胰岛素治疗糖尿病的历史。诺和诺德的产品极大提高了糖尿病治疗和控制水平，改善了糖尿病人的生活质量。

1996 年，诺和诺德公司在天津建成并投产了第一个现代化胰岛素生产厂；2002 年 5 月，公司又在天津经济技术开发区举办了新生产厂奠基仪式，经过紧张的建设施工，2003 年 6 月该新生产厂通过了 GMP 认证，并于 2003 年 8 月正式落成投产。

主要产品：生物合成人胰岛素系列——诺和灵（Novolin）、有效降低餐后高血糖的口服药——诺和龙（NovoNorm）、人胰高血糖素——诺和生、便携式无痛注射器——诺和笔（NovoPen）、胰岛素注射器的新概念产品——诺和英（Innovo）、新一代速效胰岛素类似物——诺和锐（NovoRapid）等。

图 3 - 3　诺和诺德（天津）生产车间

三、天津华立达生物工程有限公司

天津华立达生物工程有限公司位于天津经济技术开发区（TEDA），占地面积七万六千平方米，总建筑面积约三万平方米，是一座符合国际cGMP标准的现代化生物技术药物开发与生产基地，致力于抗病毒、抗肿瘤药物的研究开发和产业化。

华立达公司始建于1992年，是我国率先进入基因工程制药产业化领域的企业之一。系中外合资企业，注册资本2951.4万美元，以色列TEVA制药公司和中国中新药业集团股份有限公司分别拥有60%和40%的股权。

华立达公司主导产品"安福隆"——第二代基因工程 α-2b 干扰素市场遍及全国，并远销欧、亚、南北美、非等十多个国家，产销量跃居全国前茅，安福隆已经成为了国内外生物医药领域的知名品牌。

四、北京博奥生物技术有限公司

博奥生物有限公司暨生物芯片北京国家工程研究中心（以下简称"博奥生物"）成立于2000年9月30日，注册资金现为3.765亿元人民币。博奥生物着重以市场为导向、产业化为目标，依靠自主创新，秉持信诺重礼，现已迅速发展成为国际领先的生物高技术公司。

成立以来，以清华大学、中国医学科学院等科研单位为技术依托，博奥生物致力于为集成医疗（包括预测、预防和个体化医疗）领域开发和提供创新性产品和服务，研制开发出了生物芯片（包括基因、蛋白、细胞芯片和芯片实验室等）及相关仪器设备、试剂耗材、软件数据库等四个系列数十项具有自主知识产权，可以在国际舞台上与其他厂家竞争的产品和服务，多款产品获得了国家食品药品监督管理局（SFDA）《医疗器械注册证》、欧盟CE认证和美国食品药品监督管理局（FDA）安全通关备案等证书。目前，博奥生物产品及服务已出口北美、欧洲、亚洲、中东等二十余个国家和地区，其中，英国、法国、德国、意大利、西班牙、丹麦、瑞士和瑞典等欧洲国家的近百家医院购买了博奥生物的芯片产品，用户反映很好。

截止2007年底，博奥生物总资产达5.87亿元，拥有24,000平方米的研发、生产和运营设施，其中包括临床诊断级微阵列芯片和配套试剂GMP生产车间，硅基、塑料基微流体芯片微加工洁净车间，以及生物芯片相关仪器设备生产车间，先后获得了国家食品药品监督管理局（SFDA）《药品生产企业许可证》、《医疗器械生产企业许可证》、《医疗器械经营企业许可证》；中国合格评定国家认可委员会颁发的《实验室认可证书》和 ISO 9001、ISO 13485 及 ISO 17025 质量管理体系和对外服务实验室资质认证。目前，博奥生物全资拥有境外独立法人企业 2 家（博奥生物香港有限公司和美国博奥生物国际有限公司），通过专利技术和现金出资在国内外参控股公司 2 家（美国 Aviva Biosciences 公司和深圳微芯生物科技有限责任公司），现有员工 400 多人。

博奥生物的飞速发展受到了各方的广泛关注。2002 年，博奥生物作为亚洲唯一入选的公司，被美国《财富》杂志评为 2002 年度"全球最有发展前景的生物技术公司"；2003 年，博奥生物位列由国务院发展研究中心主办的《新经济导刊》杂志评选的"中国十大生物芯片企业排行榜"榜首；2004 年，《财富》杂志再次撰文指出，"博奥公司已经成为中国第一家进入世界水平的生物技术公司"；2005 年，博奥生物成为美国 Red Herring 杂志评选的"亚洲非上市技术 100 强公司"中的八家生物技术公司之一；同年，美国权威的《时代》周刊连续两次对博奥生物进行了积极报道，指出"博奥生物是一个具有自主研发能力，并能够研制生产出兼具创新性和高性价比产品的公司"。2006 年，博奥生物被评为德勤中国高科技、高成长 50 强第一名，并被英国《自然》杂志评选为全球知名的微阵列产品和服务推荐供应商，其 HLA 基因分型芯片检测系统、微阵列芯片激光共聚焦扫描仪（晶芯 ® LuxScan™ 10K）和微阵列芯片点样与生产系统（晶芯 ® SmartArrayer™ 48 和晶芯 ® SmartArrayer™ 136）被科技部认定为国家重点新产品。2007 年，博奥生物申报的"系统化生物芯片和相关仪器设备的研制及应用项目"荣获国家技术发明奖二等奖。2008 年，全国生物芯片标准化技术委员会经国务院标准化主管部门批准成立，生物芯片北京国家工程研究中心作为秘书处单位负责日常管理，中心主任程京博士任标委会主任委员。

模块四　素质强，创业有实力

任务一　认识毕业后的升学、就业道路

生物实验技术专业的学生在毕业时获得本专业的专科学历，可以选择直接就业、进一步升学深造或者其他途径就业。

直接就业：该专业毕业生可以在生物医药及生物技术领域相关行业（如食品、农业、化工）的企业单位就业，也可以在高等院校、科研院所、医疗等事业单位就业，主要岗位包括生物实验室辅助研发、质量检验、实验室辅助管理等工作。经过专业拓展，还可以在生产、销售等岗位从事工作。

升学深造：该专业毕业生可以选择进入本科院校进行进一步学习深造，成绩合格后可以获得相应学历学位。也可参加专业硕士研究生教育考试，继续获得本科以及更高层次的教育学习机会，提高学历层次，对应的专业有生物技术、生物工程、生物制药、分子生物学、细胞生物学等专业。学生毕业 5 年后可参加全国统一执业药师资格考试。目前进入本科院校深造的途径主要有三条：自考升本、成考升本和高职升本。除此之外，一些省市对专科毕业生升本有鼓励政策，例如，在天津市，参加技能大赛获得一等奖可以免试升本。

本专业学生毕业后，可参加高一级相应工种的专业培训，取得相应的技能等级资格。

其他途径：除了直接就业、升学深造以外，毕业生还可以自主创业、或是选择参军入伍、考取公务员或选调生、参加"三支一扶"计划、"大学生志愿服务西部"计划等。

自主创业：国家鼓励和支持高校毕业生自主创业。对于高校毕业生从事个体经营符合条件的，将给予一定的优惠政策，毕业生可以向所在学校就业中心、学工部咨询。

大学生参军入伍：国家鼓励普通高等学校应届毕业生应征入伍服义务兵役，高校毕业生应征入伍服义务兵役，没有专业限制，只要政治、身体、年龄、文化条件符合应征条件就可报名应征。毕业生在服役期间享有一定经济补偿，服役期满后可在入学、就业等方面享有一定优惠政策。每年4月至7月开展预征工作，毕业生可以向所在学校就业中心、学工部、人武部咨询。

公务员：应往届毕业生可以参加国家或地方公务员考试，两者考试性质一样，都属于招录考试，但两者考试单独进行，相互之间不受影响。国家公务员考试一般在当年年底或下一年年初进行，地方公务员考试一般在3－7月进行，考生根据自己要报考的政府机关部门选择要参加的考试，一旦被录取便成为该职位的工作人员。具体公务员政策可参看国家公务员网的相关政策。

选调生：选调生是各省区市党委组织部门有计划地从高等院校选调的品学兼优的应届大学本科及其以上的毕业生的简称，这些毕业生将直接进入地方基层党政部门工作。我国各省份对选调对象的要求条件差别较大，专科毕业生可以根据自己的实际情况，结合选调省份对选调对象的要求，报名参加相应考试。毕业生可以向所在学校就业中心、学工部咨询。

"三支一扶"计划：大学生在毕业后到农村基层从事支农、支教、支医和扶贫工作。该计划通过公开招募、自愿报名、组织选拔、统一派遣的方式进行落实，毕业生在基层工作时间一般为2年，工作期间给予一定的生活补贴。工作期满后，可以自主择业，择业期间享受一定的政策优惠。毕业生可以向所在学校就业中心、学工部咨询。

"大学生志愿服务西部"计划：国家每年招募一定数量的普通高等学校应届毕业生，到西部贫困县的乡镇从事为期1－3年的教育、卫生、农技、扶贫以及青年中心建设和管理等方面的志愿服务工作。该计划按照公开招募、自愿报名、组织选拔、集中派遣的方式进行落实。志愿者服务期间国家给予一定补贴，志愿者服务期满且考核合格的，在升学就业方面享受一定优惠政策。毕业生可以向所在学校就业中心、学工部咨询。

图 4 - 1　毕业后升学就业道路

*国家对高职升本有鼓励政策，例如，在天津市，参加技能大赛获得一等奖可以免试接本，进入本科阶段学习。

图 4 - 2　毕业后的升学途径

任务二　认识毕业后的职业道路

该路径是毕业生常规的职业道路，以顶岗实习学生或毕业生身份进入企业，从事某一岗位或轮岗工作，此时是毕业生熟悉工作岗位、工作单位的阶段。待正式毕业后，可以进入企业的试用期，成为实习员工，这一阶段仍是毕业生熟悉工作、企业和毕业生进行双向选择的阶段。试用期结束后，毕业生成为企业的正式员工，从事某一特定岗位的工作，通常从最基层做起，这样不仅可以掌握较全面的知识，可以积累丰厚的经验，对于日后从事技术或管理工作奠定扎实的技术功底，而且，这样的职业路径也符合毕业生的知识结构、技能水平和目前自我提升的准备情况。当锻炼到具有一定工作能力，积累有一定工作经验，创造有一定工作成绩时，可以逐步晋升，逐渐从普通员工成长为企业骨干，再成长为企业"顶梁柱"。

毕业生 → 岗位实习生 → 岗位员工 → 项目小组主管 工段主管 等 → 项目主管 科室主管 车间主管 等 → 部门主管 等

图 4 - 3　毕业后的职业道路

任务三　认识毕业后的职业岗位

生物实验技术专业的学生在完成学业的同时，可以考取菌种培育工、药物检验工、微生物检定工、细胞组织培养工等多个工种的中、高级职业资格证书，可以在制药企业、学校、科研院所、医疗机构等企事业单位和行政管理部门从事医药、食品、农业、化工及其他相关行业的生物实验室研发、生物制品生产、质

图 4 - 4　实验室研发辅助就业方向

量检验和实验室辅助管理等工作。经过专业拓展学习后，还可以从事医药商品的经营与销售等工作。

实验室研发辅助就业方向的毕业生可以辅助实验室研发人员进行基因工程、发酵工程、细胞培养、生物物质分离纯化、动物实验、免疫学等方面实验，要求具有生物工程、分子生物学、免疫学等相关学科知识，同时熟练掌握实验室常用仪器设备的各项操作技能，动手能力强，具有高度责任心和刻苦钻研的精神，良好的团队协作精神，勤勉的工作态度和务实的工作作风，能承受一定的作压力。

图 4-5　生物制品生产就业方向

该方向就业单位：制药企业研发部、科研院所实验室

该方向主要岗位：实验室辅助研发、实验员等

该方向课程支持：生物统计技术、生物化学、微生物与免疫、生物医学信息检索、分子生物学、生物工程基本操作、现代发酵技术及实训、生物分离与纯化技术及实训、生物检测技术及实训、细胞培养技术实训等课程。

生物制品生产就业方向的毕业生可以在就学期间考取酶制剂制造工、发酵工程制药工、生化药品制造工等多个工种的中、高级职业资格证书，毕业后可以在生化制药企业及其他生物技术相关企业中从事菌种和细胞培

养、发酵生产、产品提取纯化、产品包装等生产工作。要求具有细胞培养、生物工程、发酵工程、生物分离与纯化等相关学科知识，同时熟悉实验室常用仪器的使用，具有高度责任心，良好的团队协作精神，良好的沟通能力，勤勉的工作态度和务实的工作作风。

该方向就业单位：制药企业生产部。

该方向主要岗位：发酵工程制药工、生化药品制造工、基因工程产品制药工、疫苗制品工等。

该方向课程支持：SOP 概论、生物化学、微生物与免疫、生物工程基本操作、现代发酵技术及实训、生物分离与纯化技术及实训、生物检测技术及实训、细胞培养技术实训、制药企业安全生产等课程。

质量检验就业方向的毕业生可以在生化制药企业及其他生物技术相关企业中进行产品质量控制与化验检验工作，如药品中微生物的检验、药品生物热源的检测、洁净车间洁净度的检测等。要求具有生物、药学、化学等相关学科知识，同时熟练掌握实验室常用仪器设备的各项操作技能，动手能力强，具有高度责任心和刻苦钻研的精神，良好的团队协作精神，勤勉的工作态度和务实的工作作风，善于学习和总结，有较强的自学能力。

图 4-6　质量检验就业方向

该方向就业单位：制药企业质检部、负责药品质量检验的相关行政管理单位。

该方向主要岗位：药物检验工、微生物检定工等。

该方向课程支持：SOP 概论、生物化学、微生物与免疫、生物药品检定技术、细胞培养技术实训、生物分离与纯化技术及实训、生物检测技术及实训、生物统计技术等课程。

图 4 - 7　实验室辅助管理就业方向

实验室辅助管理就业方向的毕业生可以在实验室中从事药品试剂、设备仪器、实验耗材、实验动物等内容的管理工作。负责贯彻执行单位有关实验室管理的政策和规定，做好实验室的规划、建设与管理，负责和参与实验项目的计划与统计，负责各种专项建设的管理和实验室标准化、规范化管理。同时还负责仪器设备购置和日常管理，统计仪器的使用率、损坏率，进行设备调剂、报废、回收工作，进行实验室药品试剂、实验耗材的购买和回收工作，进行实验动物的饲养与管理工作，制定清产核资及统计报表，整合资源，建立有效实验平台，保证实验室的正常运行。

该方向就业单位：制药企业实验室、科研院所实验室等。

该方向主要岗位：实验动物饲养员、微生物辅助管理员等。

该方向课程支持：GLP 概论、生物化学、微生物与免疫、实验室生物安全与突发公共安全事件、大型仪器设备操作与维护、实验室管理等课程。

任务四 学习身边的生物技术领域中的能工巧匠

随着生物技术的迅速发展，在我国各种各类企业和科研院所中涌现出一大批生物技术领域中的能工巧匠和杰出人才。我们并不是只能从网络、媒体中看到他们的身影，聆听他们的话语，其实，他们离我们并不远，他们就在我们的身边。通过学习企业中的能工巧匠和科研院所中的杰出人才，我们不仅可以开阔自己的视野，向他们学习先进的理论，更可以领略他们的风采，从他们的身上学习不畏困难，勇攀事业高峰的可贵精神。

人物一：中国柠檬酸发酵第一人——于云岭

柠檬酸是一种重要的有机酸，在食品、医药、化工、纺织等领域具有广泛的应用。在我国，是以薯干粉为原料，利用微生物发酵进行柠檬酸的生产，这种方法工艺先进，原料廉价易得，工艺简单，产率高。这种先进工艺的应用使我国成为世界第一的柠檬酸生产国，也是世界上最大的柠檬酸出口国。在这种先进工艺和辉煌成就的背后，是于云岭等人的默默努力。中国的柠檬酸深层发酵诞生在天津，诞生在于云岭的实验室里。于云岭致力于柠檬酸发酵菌种的选育和柠檬酸分离提取的研究，在他的实验室里，我们总能看到于云岭守在发酵罐旁，进行一次次的发酵实验，这样的每一次实验，都要耗时 4 至 5 天，而于云岭就废寝忘食、寸步不离地守在发酵罐旁，坚持完成实验。苍天不负有心人，终于在辛勤付出 3 个春秋后，于云岭终于成功了，获得了能以木薯粉为原料且产酸能力良好的黑曲霉菌种，终于使我国柠檬酸发酵能力大幅提升，处于领先水平。然而，于云岭并不满足这样的成绩，此后，他又建立起了中国第一个菌种库，用于保藏、研究珍贵的柠檬酸发酵菌种，与全国的柠檬酸生产企业交流生产工艺和经验，在 20 多年的时间里，全国先后有 40 多家柠檬酸生产企业如雨后春笋般破土而出。使用这种先进的工艺进行柠檬酸生产，不仅创造了近百亿元的经济效益，更加使我国结束了需要进口柠檬酸的历史，并由进口转向出口，成为世界柠檬酸生产和出口第一大国。因此，于云岭也成为了我国柠檬酸发酵第一人。

人物二：生物技术领域杰出人才——张磊

张磊曾担任天津华立达生物工程有限公司副总经理、总工程师。天津华立达生物工程有限公司是我国率先进入基因工程制药产业化领域的制药企业之一，其产品为重组人 α-2b 干扰素，广泛应用在抗病毒、抗肿瘤的治疗中。干扰素虽然是一种药物，但是在上世纪八、九十年代，干扰素制品却在一直威胁着我国人民的生命健康，这是因为在当时干扰素的生产方法是从人或动物的血液中进行提取，如果血液的供应者患有传染性疾病，那么从这样的血液中提取的干扰素会导致患者在使用后感染疾病。为了从生产方法这一根源上解决问题，我国引进了基因工程制药技术。华立达认真学习吸收引进的先进生产技术，在此基础上，积极对干扰素制品进行深层次研发。张磊主持和参加了"基因工程 α-2b 干扰素水针剂"、"新型干扰素纯化及制剂技术研究"等十多项科研项目，申请及获授权国家和国际发明专利 8 项。在张磊的参与下，华立达成功的研发出世界上第一支预充式干扰素注射液和喷雾式干扰素。这也被列为天津市重大科技规划项目、国家重点新产品和国家火炬计划项目。这些剂型的创新研发，不仅方便了干扰素制品的使用，减少了药物的污染，而且还可以使药物用量更加准确。凭借这些优势，华立达的干扰素制品在畅销国内的同时，也出口到世界多个国家和地区。除此之外，张磊还主持参与了华立达公司"国家药品GMP 认证"、国家经贸委"基因工程制药中试生产基地"、国家人事部"博士后科研工作站"和天津市"企业技术中心"的建设，为我国医药事业培养了多位优秀人才。张磊在用自己的实际行动为我国医药事业的发展进步贡献着自己的力量。

人物三：二十年磨一剑，打开 DNA 研究新天地——邓子新院士

2007 年 8 月，在英国纽卡斯尔召开的第十四届国际放线菌生物学大会上，我国邓子新院士作了关于 DNA 大分子上一种新的硫修饰的研究报告。这篇研究报告阐述了在众多细菌的 DNA 上发现第六种新元素——硫及其对DNA 的修饰。国外同行对于这一新发现，给予了高度评价，德国马普实验

医学研究院化学生物学家弗里茨·爱克斯坦表示，"新发现让人瞠目结舌，它打开了一扇全新窗口，将大大激发人们对 DNA 大分子上众多新谜团的激情探索。"早在上世纪50年代，科学界就已认同，作为遗传物质的 DNA 是由碳、氢、氧、氮和磷5种元素构成。然而，在1987年，邓子新在做一批细菌 DNA 的电泳实验时细心的发现，即便是在同一块电泳凝胶上，一些细菌的 DNA 发生了降解，而另一些细菌的 DNA 则没有被降解。邓子新没有放过这一细节，进过严谨思考，他大胆推测，认为这一现象是由不同生物自身的遗传特性所引起的。他想寻根追底，搞清楚这种现象的原因，虽然觉得这可能与硫元素有关，但是国际国内都不认可。邓子新并没有因此而放弃，进过艰辛努力，直到10年后将有关基因分离出来，分析结果暗示，这些基因编码的蛋白质确实与硫元素有关。此后，邓子新厚积薄发，终于在2004年，通过实验证实了细菌 DNA 分子中硫元素的存在。2005年，他和研究团队在国际知名期刊《分子微生物学》上发表题为《DNA 大分子上一种新的硫修饰》的论文。这是国际上第一次正式公开认可他的研究成果，当年邓子新的这项成果也被评为中国高校十大科技进展。之后，邓子新又连续在国际知名刊物上发表论文，报道 DNA 硫修饰的后续研究进展。由此，他们的研究成果进入国际视野。

人物四：拉斯克奖获得者——屠呦呦

2011年，拉斯克临床医学奖被授予中国科学家屠呦呦。拉斯克奖素有"美国的诺贝尔奖"之美誉，是美国最具声望的生物医学奖项，也是医学界仅次于诺贝尔奖的一项大奖。屠呦呦因为发现青蒿素这种用于治疗疟疾的药物而获得拉斯克临床医学奖，这是至今为止，中国生物医学界获得的世界级最高大奖，离诺贝尔奖只有一步之遥。屠呦呦是中国中医研究院终身研究员兼首席研究员，青蒿素研究开发中心主任，突出贡献是创制新型抗疟药青蒿素和双氢青蒿素。通向成功的道路从来都是布满荆棘的，屠呦呦也正是在经历190多次实验失败后，才最终达到成功的彼岸。在上世纪60年代，疟疾疫情在全球范围内都难以得到有效控制，我国开展了研发抗疟新药的科研项目，屠呦呦正是科研大军中的一员。她查阅医书，编辑药方，进而进行实验，经过筛选，最终在380多个植物提取物中选择了青蒿。

然而，令人意想不到的是，在后续的大量实验中发现，青蒿的抗疟效果并不理想。意志坚强的屠呦呦没有灰心，经过认真分析，她认为是在青蒿素的提取过程中，高温破坏了青蒿素的结构，导致抗疟失效。于是，她迎难而进，通过不断尝试，最终改用乙醚制取青蒿提取物，这一步至今仍被认为是当时发现青蒿粗提物有效性的关键所在。在经历了190多次的失败之后，屠呦呦终于从提取到了具有良好抗疟活性的青蒿素，获得对鼠疟、猴疟疟原虫100%的抑制率。为全球控制疟疾疫情，挽救人类生命做出了重大贡献。

任务五　　个人职业生涯规划

个人职业生涯规划是指一个人对自己内在的兴趣爱好、能力特长、学习工作经历、职业倾向等因素和外在工作内容、工作性质、时代特点等因素进行综合分析，确定自己的职业奋斗目标，并为实现这一目标而制定合理有效的行动方案。职业生涯规划主要包括四个方面，即我真正想做什么？我适合做什么？我怎样去实现我的目标？我现在需要做什么？

毕业生从业后，要对自己的职业生涯有一个合理规划。要根据对自己兴趣、能力的了解，以及对职业的认识，再辅以职业人员的咨商、辅导，制订一个职业生涯计划，以为将来职业生涯的依归。我们根据自己的职业生涯计划，可以选择适当的教育、训练来习得职业的技能，为顺应技术的变化、岗位的转换工作的升迁做好准备工作。

个人职业生涯的规划包括以下六个步骤：

步骤一　自我分析

全面的自我分析是进行个人职业生涯规划的基础，通过自我分析可以了解自己的兴趣志向、能力特长、智商情商、人格或性格类型等多方面的信息。在进行自我分析时，首先是自己对自己进行内在条件的分析，要对自己有一个真实的了解和分析，例如，我是否愿意与具体事物（或人）打交道，我是否喜欢从事科学技术事业，等等。除此之外，我们还可以了解一下别人眼中的我们是什么样子的，这样可以更真实全面的帮助我们了解自己。其次，我们还要进行外在条件的分析，例如，自己所在地区的经济、教育等水平如何，自己所学专业在该地区的需求量如何，自己在这样的地区环境中的地位如何，等等。

目前，我们可以通过相应的职业测试来了解分析自己。在学校和企业，一些专业的职业测试已被广泛的使用在个人职业生涯规划上。在这些测试中，以霍兰德职业兴趣测试适合于高中生和大学大一、大二年级的学生，这个测验能帮助被试者发现和确定自己的职业兴趣和能力专长，从而科学地做出求职择业或对自己的职业生涯规划及时进行调整。

步骤二 确定志向

俗话说："有志者，事竟成。"远大的志向是我们在职业生涯中的努力方向，确定志向是我们职业生涯的起跑线。所以，在进行职业生涯规划时，要为自己确定明确的志向，例如，我立志成为生物实验领域中的佼佼者。

步骤三 确定目标

在职业生涯规划中，我们要对自己的职业生涯设定一个总体目标和若干个阶段目标，清楚每一个阶段在自己整个职业生涯中所发挥的作用，要为自己在每一个阶段达到目标而制定合理可行的努力方案。

毕业生从事相关专业技术工作一定时间后，符合职称评审条件的，可以获得相应职称。职称反映了专业技术人员的技术水平、工作能力和工作成就，象征着一定的身份，也会带来工作薪酬的提高。从职称角度来说，个人的职业道路和职业发展都伴随着职称的晋升。在一定的工作年限中，积累工作经验，创造工作成绩，获得职称，是走好职业道路和良好职业发展的表现之一。

图 4-8 个人职业生涯规划

表 4-1 和生物实验技术专业毕业生从事职业（岗位）相关的部分职称系列

各系列分类		高、中、初级专业技术资格名称				
系列专业		正高级	副高级	中级	初级（助理）	初级（员）
卫生药品系列	药学专业（药品）（研发、生产、经营、质监领域）	主任药（中药）师	副主任药（中药）师	主管药(中药)师或执业药(中药)师	药(中药)师	药(中药)士
科学研究系列	自然科学研究专业	研究员	副研究员高级实验师	助理研究员	研究实习员助理实验师	
	自然科学实验专业			实验师		
工程系列	轻工（粮油食品、制酒、纺织、乳品加工、工艺技术管理、检验分析）	研究员级工程师	高级工程师	工程师	助理工程师	技术员
	化工（质量分析、化工产品制造生产、检验分析）					

图 4 – 9　职称晋升

步骤四　职业生涯路线的选择

当我们确定好职业目标后，就要为实现这一目标选择一条道路，例如，我是想在实验技术上有所成就还是想在实验室管理上大显身手，不同的道路对我们个人的要求不同。我们要综合分析自己的内在条件、外在条件和职业目标，在此基础上，选择最合适自己的职业路线。

SWOT 分析是一种战略分析方法，可以帮助我们队自己的内在条件、外在条件和职业目标进行分析。在 SWOT 中，S 代表 Strength（优势），W 代表 Weak（弱势），O 代表 Opportunity（机遇），T 代表 Threat（威胁）。在该方法中，个人根据自身内在的优势、弱势，结合外在的机遇和威胁，得出自己抓住机遇，避免威胁的职业路线。

表 4 – 2　SWOT 分析表格

	优势因素（S）	弱势因素（W）	解决方案
内部因素			

续表

外部因素	机会因素（O）	威胁因素（T）	解决方案

结论	

步骤五　制定行动方案

作为在校的大学生，要结合自己现阶段的实际情况来制定行动方案。例如，在第一学期中我要学到哪些技能，我的英语要达到什么程度，每周我会用多少时间来学习英语，在第二学期中，我要锻炼自己的哪些能力，为了锻炼这些能力我可以参加学生会的什么工作或者哪些社团活动，等等。通过在每一个学期或者一个时间段内制定充实的行动方案，并为之努力去做，那么我们在大学期间的这些在知识、技能、能力上的准备，可以为我们进入职场打下一个良好的基础。

表4-3　近期自我发展规划（大学生活规划）

时间		大学_____年级第_____学期
职业素养	阶段目标	
	行动方案	
	满意收获	
	不足之处	
	改进方向	

续表

时间		大学_____年级第_____学期
理论学习	阶段目标	
	行动方案	
	满意收获	
	不足之处	
	改进方向	
技能锻炼	阶段目标	
	行动方案	
	满意收获	
	不足之处	
	改进方向	
实习经历	阶段目标	
	行动方案	
	满意收获	
	不足之处	
	改进方向	
学生工作	阶段目标	
	行动方案	
	满意收获	
	不足之处	
	改进方向	

表4-4 短期自我发展规划（初步职业规划）

我的职业目标：_____（毕业_____年实现）

单位/岗位	
岗位工作内容	
岗位任职资格	
岗位工作环境	
岗位发展潜力	
自身具备条件	
自身欠缺条件	
行动方案	

步骤六　评估和反馈

在个人的职业生涯上，由于外界环境的变化和一些不确定因素的影响，我们制定的职业生涯规划总会与实际情况出现一定的偏差。因此，这就需要我们对自己的职业生涯规划有一个评估、反馈、调整的过程，经过这样一个动态的完善过程，我们的职业生涯规划才能更加符合社会需要，顺应环境变化，保证职业生涯规划的有效性。